YUANLIN JINGGUAN SHOUHUI JIAOCHENG XIEYI SHOUHUI JIFA JICHU

园林景观手绘教程
写意手绘技法基础

史建岚　韩晓晖　主　编

黄华枝　曾佑炜　张海滨　副主编

化学工业出版社

·北京·

内容简介

《园林景观手绘教程——写意手绘技法基础》主要内容围绕中式工程的手绘表现展开，分别从线条、色彩、透视以及画面效果几个方面，将国风写意手绘技法和当下常见的建筑师手绘技法进行比对讲解，其中的国风写意手绘技法是从中国传统艺术美学理论基础出发，同时结合马克笔及彩色铅笔等现代手绘工具的具体使用而衍生出的一种创新型手绘技法。此外本书还从东西方文明比较的视角对东西方的园林建设、美术绘画进行了系列比对性的简单背景介绍。

本书可作为高等院校和高等职业院校环境设计、园林工程、风景园林、城乡规划、建筑学及相关专业的教材，也可作为相关从业人员的参考书或培训用书。

图书在版编目（CIP）数据

园林景观手绘教程：写意手绘技法基础/史建岚，韩晓晖主编. —北京：化学工业出版社，2024.1
ISBN 978-7-122-44361-8

Ⅰ.①园… Ⅱ.①史…②韩… Ⅲ.①景观-园林设计-绘画技法-高等学校-教材 Ⅳ.①TU986.2

中国国家版本馆CIP数据核字（2023）第201939号

责任编辑：李彦玲　　　　　　　装帧设计：王晓宇
责任校对：李露洁

出版发行：化学工业出版社
　　　　　（北京市东城区青年湖南街13号　邮政编码100011）
印　　刷：三河市航远印刷有限公司
装　　订：三河市宇新装订厂
787mm×1092mm　1/16　印张12½　字数255千字
2024年3月北京第1版第1次印刷

购书咨询：010-64518888　　　　售后服务：010-64518899
网　　址：http://www.cip.com.cn
凡购买本书，如有缺损质量问题，本社销售中心负责调换。

定　　价：59.80元　　　　　　　　　　版权所有　违者必究

编写人员名单

主　编　史建岚　韩晓晖

副主编　黄华枝　曾佑炜　张海滨

参　编　刘红卫　贺爱东　张泽敏　张　堃

王烁荐　罗元俊　吴国标

数字化创新教材使用说明

本书为积极响应2019年国务院颁布的《国家职业教育改革实施方案》相关政策的数字化创新教材。与传统教材不同，本教材充分利用信息化教学形式，将全书分为任务知识手册（含需二维码识读的教学视频和拓展知识）和任务训练书两部分，学习过程要求结合手机等多媒体设备配套使用。

本教材使用方法的建议如下：

1. 中国优秀传统文化美育结合思政教育。

本书具有能开展传统美学和素质教育的作用。教师在教学过程中除了进行精益求精、传承创新等的大国工匠精神教育外，还可结合如齐白石等艺术家虽在穷困潦倒之际依然凛然拒绝日本侵略者重金购买其画作等背景故事，对学生进行价值观及爱国主义等思政教育。

2. 任务知识教学结合户外写生训练。

任务知识手册为国风写意手绘相关任务专业知识的集合，重在突出植物、山石、水体等园林造园基本要素，以及园林工程立剖面图及效果图写意手绘特色。教师可将户外写生训练与教学设计相结合，在实际场景中将"不求形似而注重神似，妙在似与不似之间"的传统写意绘画精髓灌输进学生的脑海中。

3. 训练任务教学紧扣专业设计需求。

任务训练书包括实训具体要求，园林工程项目体验排版用纸、手绘基础要素临摹用纸及后续项目综合实践表现用纸，实训成果可作为学生阶段性作品集及教师教学成果展示用，同时教师可根据实训阶段情况，结合专业设计表达需求进行点评、总结并及时调整后续教学。

前言

　　党的二十大报告中指出，"我们确立和坚持马克思主义在意识形态领域指导地位的根本制度，新时代党的创新理论深入人心，社会主义核心价值观广泛传播，中华优秀传统文化得到创造性转化、创新性发展"。我国的优秀传统园林与山水写意绘画文化历史悠久、博大精深，本书的编写正是基于传承与创新中国优秀传统文化的理念，在现行园林景观工程建设岗位需求框架下，打破目前工程手绘技法基本上源于西方美术的建筑师手绘技法的现状，创新性地将马克笔等现代快捷绘画工具与中国传统山水写意绘画技法有机结合，并将新技法的训练方法系统、有序地编排在教学内容中。

　　在悠久的中华文明成果中师法自然的中国传统园林与山水画一直是中国优秀传统艺术的美学典范。中国传统园林利用山石、水体、植物巧妙塑造诗情画意的自然意境之美，中国传统山水画则通过笔法、墨法在突出山水自然之美的同时，更强调画家主观的人文思想内涵。与西方的写实手法不同，不求形似而注重神似，妙在似与不似之间的写意绘画技法是中国传统山水画技法的精髓所在。

　　园林景观工程讲求的是空间的意境营造，而工程手绘采用的是图例式表达方法，目的不是要表现出配景植物、山石、水体如何的写实、逼真，而是更着重于对园林空间氛围的渲染，以表达出设计师力图营造的意境之美，从某种角度而言这与中国优秀传统艺术中讲求诗意画境的江南古典园林和崇尚简约平和的元代山水画有异曲同工之处。

　　本书以能力培养为目标，以实训项目为导向，让学生在每一部分都能将理论与实践操作、技能提升结合起来。按照读者对手绘技法的认知顺序进行讲解，共分为5个模块、15个单元。模块一、模块二主要对手绘在工程建设中的作用以及基本工具的选用等方面进行讲解，模块三对植物、山石、水体等园林造园基本要素的绘画技法进行详细讲解，模块四、模块五则是结合工程设计与表达需要对园林景观工程立剖面图及三维效果图表现进行讲解，并结合了小庭园工程平、立剖及效果图的实操手绘表现训练，便于学生将该技法直接用于工作中。

本书属于广东轻工职业技术学院双高建设、课程思政、校企合作的共同开发项目成果，由广东轻工职业技术学院史建岚、广东百城原点文化传播有限公司韩晓晖担任主编，广东轻工职业技术学院黄华枝及曾佑炜、棕榈设计集团有限公司张海滨担任副主编。其中模块一由张海滨、史建岚编写，模块二由史建岚、韩晓晖编写，模块三由黄华枝、曾佑炜、韩晓晖编写，模块四、模块五由韩晓晖、史建岚编写，"拓展知识"（以二维码形式呈现）由史建岚、张堃、王烁荐编写，任务训练书由张泽敏、罗元俊、吴国标编写，全书由史建岚、刘红卫、贺爱东统稿、审核，除另有注明外本书手绘作品均由韩晓晖绘制。

本书中的国风写意手绘技法是从中国传统山水写意绘画的理论基础出发，同时结合马克笔、彩色铅笔等现代手绘工具的使用而衍生出的一种创新型手绘技法，希望通过学习和训练，能让广大的园林工程行业从业者及手绘爱好者在习得一套具有我国鲜明文化特色的手绘技法的同时，还能从中国优秀的传统园林文化和绘画技艺的巨川沃壤中吸取一勺丰富营养，有效提升自己在园林及绘画方面的审美意识和专业素质，并运用到当下实际的园林工程建设之中，这是本书编写的希望和最终目的。由于编者能力有限，书中难免会有诸多欠妥之处，不足之处还恳请广大读者多多谅解和指正，后续我们还将结合中式风格的实际园林工程项目案例对本书不断加以修正、完善和更新。

编者

2023 年 7 月

目录

模块四

园林景观手绘之平、立剖面图的表现   069

模块五

园林景观手绘之透视图的表现   082

模块一
园林景观手绘概述

能力目标

能理解手绘在园林工程设计中的具体用途；
能区分中西方园林及绘画艺术不同的哲学构成基础。

知识目标

掌握中国传统园林工程造园理论基础概念；
掌握传统绘画美学基础概念。

重点难点

重点：园林工程手绘设计表现方法特点及作用；
难点：江南园林色彩构成、植物选用及内涵思想。

单元一

信息时代工程设计领域还需要手绘吗？

关键点

园林景观设计是一个主要与图纸打交道的专业，故能通过图纸正确表达自己的想法，以及方便他人能快速读懂图纸，对于工程行业各环节的沟通、交流与理解都非常关键。手绘图是园林景观设计专业的第一张用于设计师构思及项目建设者们进行交流的图纸。

一、园林景观设计的基本概念

园林景观设计就是在一定用地范围内，根据用地使用功能需求，运用园林艺术和工程技术手段将植物、山石、水体、园路广场及园路建筑小品等园林景观各要素进行有机组合，为人们打造一个个环境优美、舒适的日常生活、工作所需的户外空间。设计过程一般包括草图构思、草图绘制、方案绘制、方案汇报、技术设计和施工图设计几个阶段，主要设计内容包含设计构思图、总平面规划图、平立剖面图、节点大样图及效果图等图纸设计与绘制，所以图纸是每个阶段进行交流讨论及工程建设的主要依据。

二、园林景观设计与手绘

园林景观手绘是一种便于工程人员沟通的快速表现方法。因手绘图通俗易懂，在工作交流时可以及时把各方人员的想法清晰表达出来，同时手绘还能快速记录设计师瞬间的灵感和创意（图1-1）。

因手绘最早出现在西方，故目前的园林工程手绘的理论基本都是建立在西方艺术美学理论基础上，体现的是西方古代希腊哲学、几何学主导的思想内涵和美学思想。而与西方改造世界的理念不同，师法自然一直是中国传统园林与绘画艺术的美学基础。中国传统园林利用山石、水体、植物巧妙塑造诗情画意的自然意境之美，中国传统山水画则通过笔法、墨法在突出山水自然之美的同时，更强调画家主观的人文思想内涵。作为专业的园林工程设计师和工程师，我们应不断地从中国传统园林文化与山水画技艺的巨川沃壤中吸取丰富营养，从而不断提升自己基于民族特色的审美和专业素养（图1-2、图1-3）。

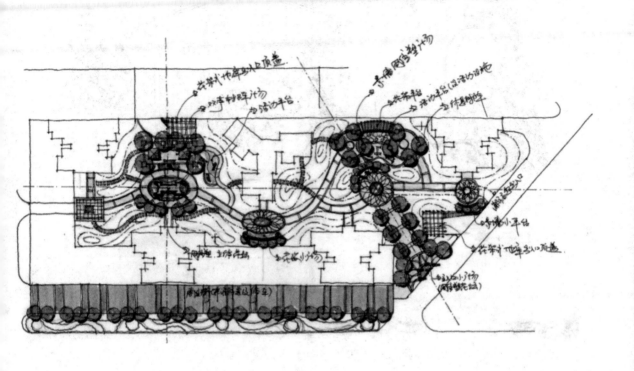

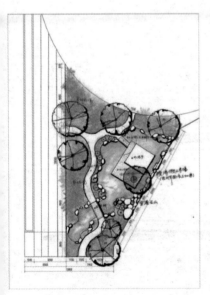

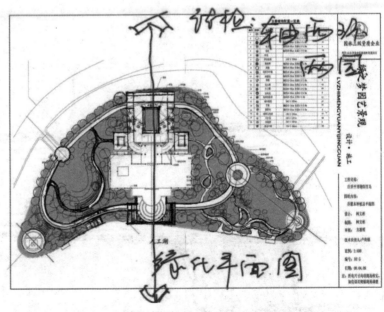

图1-1　工程方案构思草图——张海滨

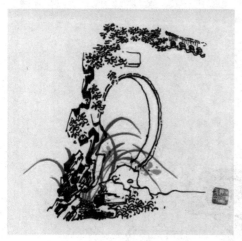

图1-2　江南园林洞门手绘图

图1-3　苏州留园手绘图
（部分摘自《江南园林图录》）

　　源于西方美术的工程手绘作为一种快速表现方法，可以在几分钟内就把工程设计人员脑子里的想法形象地呈现出来。手绘让抽象的设计思维成果不断地清晰和具体化，许多著名设计大师的作品都是从一张张手绘草图中开始诞生的。

　　让我们来欣赏一下大师们的手绘方案草图（图1-4～图1-6）。

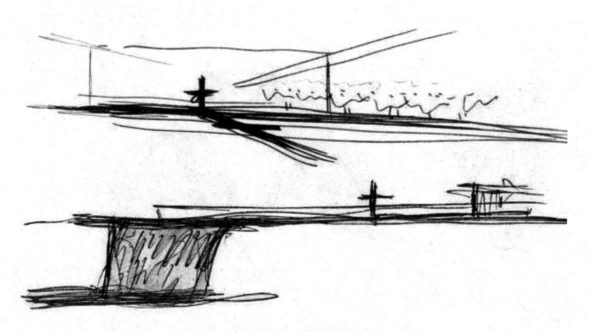

图1-4　光之教堂构思草图——安藤忠雄

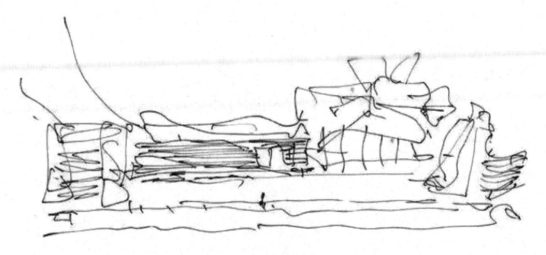

图1-5　毕尔巴鄂古根汉美术馆构思草图——弗兰克·盖里

图1-6　毕尔巴鄂古根汉美术馆——弗兰克·盖里

从这些草图中可以看出，富有变化和艺术感染力的手绘让设计大师们心中的灵感火花得以不断地迸发、喷涌出来，最终成就了一个个充满特色以及文化气息的优秀工程作品。

你认为手绘能为你带来更多的灵感吗？

拓展知识：
中国传统山水画中的线条画简介

师法自然与几何对称的东西方园林艺术

关键点

东西方具有迥然不同的造园文化特色，造园理念的差异主要体现在"内在的哲学思想不同"，以及"外在的审美标准不同"两个方面。

一、东西方园林艺术特色及造园理念的差异

1.东西方园林艺术特色

以中国为代表的亚洲东方园林体系造园艺术追求师法自然，"虽由人作，宛自天开"的庭园效果，建筑体量较小且相对分散以便于藏在各个庭园之中，往往采用"先抑后扬"的造园手法，在进入层次丰富的围合式庭园空间之前一般会先创造一些相对幽暗、封闭的线性引导空间，与随后开敞的庭园空间形成强烈的空间开合对比，因而使人产生曲径通幽、豁然开朗、柳暗花明的感觉。同时中国古代园林还是建筑、山池、园艺、绘画、雕刻以至诗文等多种艺术的综合体（图1-7）。

起源于古希腊文明的欧洲园林文化认为园林是作为室外活动空间以及建筑物的延续部分来建造的，属于建筑整体的一部分，而几何对称的建筑往往形体高大，醒目地矗立在土地之间。以法国巴黎的凡尔赛园林为代表的欧洲古典园林布局形式多为规则式，这与规则的建筑形式相协调（图1-8）。轴线的控制强调了园林的均衡稳定，也奠定了西方规则式园林发展的基调。

2.东西方造园理念的差异

（1）内在的哲学思想不同

以中国为代表的东方造园理念深受庄子、孔子等道家、儒家思想影响，而西方造园理念则深受以培根、笛卡尔为代表的欧陆理性主义等西方哲学思想以及毕达哥拉斯科学思想的影响。

（2）外在的审美标准不同

东方园林讲究天人合一，园林建筑与山水环境有机融合，讲求诗情画意的意境，以非规则式自然生态园林为基本特征；而西方园林所体现的是人工美、几何图案的美，讲究开阔的视线、严谨均衡的构图、庄重典雅的气势，布局多为规则式，以与外观规则的建筑相协调。

图1-7　上海豫园

图1-8　巴黎凡尔赛园林

二、中式园林发展的三个阶段及当前存在的问题

中式园林的发展主要经历了三个阶段。第一阶段为历经3000多年的以江南私家园林及皇家古典园林为代表的中国古典园林发展时期；第二阶段为中华人民共和国成立初期主要借鉴苏联等外来园林建设经验的大地园林化多元发展时期；第三阶段为追求能够彰显我国文化特色并充分体现园林景观地域性、生态性和综合性特征的新中式园林发展时期。

目前新中式园林正处于发展时期，还未形成成熟的体系。其中较为成熟的案例大多集中在居住类工程案例中，形式和手法上主要为"古代院落"和"古代街坊"的模仿模式（如苏州的西山恬园）和"抽象式继承"（深圳万科第五园）。其中深圳万科第五园是2005年开始修建的居住社区，整体风格定位为低密度的现代中式人文概念住宅，采用现代设计语言表达古典元素的方式，延续了传统村落规划布局、院落单元组合，以及古典园林的开合组合、叠山理水、虚实借景的景观设计手法，形成了曲径通幽、移步换景的景观序列，同时建筑采用的是粉墙黛瓦的中式色调风格（图1-9）。

新中式园林体现出了当代人们对中国优秀传统文化的深度认可和精神追求，因其独特的魅力这种园林风格正日益得到大家的重视和青睐。目前新中式园林景观设计主要存在着设计盲目追求档次，景观设计还不够人性化，创新性、实用性不足等问题。当下我们要如何从传承与创新角度出发，先立意于传统师法自然的意境营造理念，同时结合传神的园林各要素设计，从而创造出优质的新中式园林空间。这是我们每一个园林人需要认真思考的问题。

图1-9　深圳万科第五园

二、诗意画境——江南古典园林景观特色简介

中国古典园林按所处位置可大致分为北方类型、江南类型、岭南类型、巴蜀园林及西域园林等，其中江南园林因其所处位置自然环境条件优越，园林中蕴涵丰富细腻的儒释道等哲学、宗教思想及山水诗、画等传统艺术，成为中国古典园林的杰出代表。沧浪亭、狮子林、拙政园和留园分别代表着宋朝、元朝、明朝、清朝四个朝代的艺术风格，被称为苏州"四大名园"，亦即江南四大园林。

江南园林的园林景观有以下三个显著特色。

（1）叠石理水，奇石林立

苏州位于中国长江三角洲平原地区和太湖平原地区，一年四季分明，雨量充沛。苏州城内河道纵横，故又被称为水都、水城、水乡。水景是江南园林的灵魂。江南园林中尤以拙政园以水景见长（图1-10）。水面平静如镜时，万象被其收纳其中，刚柔、虚实相间，展现出"天光云影共徘徊"天然美景。

图1-10　苏州拙政园水景

江南园林中的假山石多采用太湖石，石灰岩是形成太湖石的物质基础。太湖石是古代滨海湖沉积的遗迹，因沉积环境的不同，形成的太湖石姿态各异，具有"透、瘦、

图1-11　苏州留园冠云峰　　　　　　　　图1-12　苏州留园石景

漏、皱"的特点。如留园中的冠云峰，高度为6.5米，石体外观玲珑剔透，可谓是江南园林中最大最美的假山景观（图1-11）。除太湖石外，江南园林中常用的还有黄石、宣石等（图1-12）。

（2）建筑色调素雅清新

江南园林沿袭传统文人园的轨辙，追求含蓄、素雅。建筑一般采用中性色调的粉墙黛瓦，这样就会比较容易将一年四季自然景观的色彩协调起来，产生平淡素净的色彩美，显示出一种恬淡雅致，类似山水画般的自然艺术效果。白墙、黑瓦的灰色背景将绿树碧水蓝天衬托得更加高雅、清新、素净，使江南园林处处充满大自然的诗情画意（图1-13）。

（3）花木种类丰富，布局有章

江南优越的自然环境非常适合花木生长，加之园艺工匠的精心培育与搭配种植，形成许多优美而层次丰富的植物景观。

江南园林的植物造景手法讲究师法自然。或间接借鉴于山水画的艺术效果，植物姿态和外观讲究苍劲与柔美相配合，配置效果上讲求入画，同时还注重花木外观造型、色彩搭配、季相变化等，追求"古""奇""雅"的植物意境效果（图1-14、图1-15）。

图 1-13　苏州拙政园

图 1-14　苏州拙政园绿植效果一

图 1-15　苏州拙政园绿植效果二

图1-16 苏州拙政园绿植效果三

　　江南园林的植物种植常规搭配原则如下：种植高大乔木以荫蔽烈日，古朴或姿态优美的树（如虬松、曲柳等）供人欣赏，再点缀以有开花结果或有香味的小乔木及灌木（如丹桂、茶花等）。另因江南多竹，常种植终年翠绿竹林为园林空间整体衬色；在池塘中种植大片荷花、在窗下种植芭蕉是为了能清晰听到雨水滴落的自然天籁之音等（图1-16）。

拓展知识：
中国与法国古典园林的不同特色

单元三

中国传统园林与山水绘画基础理论概述

关键点

有一定审美需求的工程手绘教学属于美育范畴，而我国的美育应根植于中国优秀传统文化的巨川沃壤之中。中国传统美育思想具有天人合一的大情怀，标志着自然美和艺术美的水乳交融。我们需要有一双能发现美的眼睛，看到优秀的传统园林艺术；我们要用中国的艺术语言，讲中国人的故事。

一、中国传统园林造园艺术手法

（1）历史背景

江南园林的演变过程完整体现了我国传统造园的发展脉络。下面就以江南园林为例。

江南园林文化则可追溯到2500年以前的先秦时期，魏晋南北朝时期，私家园林随着士人园林的出现而兴起。到了宋元时期，山水诗画开始给私家园林营造的布局、意境等提供了重要的营养。

（2）艺术手法

① 色彩和质感

a.江南园林建筑色彩深受道家思想的影响，以黑白为主，衬托了一年四季不断轮转变化的自然山石花木之美。

b.江南园林庭园色彩以植物的绿色为基调和背景，点缀以花卉、果实的缤纷色彩（图1-17）。

② 植物的选用

a.作为庭园背景及边界，背景及主景植物比较注重选择枝叶扶疏、体态潇洒高大植物，对树木的选择常以"古""奇""雅"为追求的对象。

b.因对花木讲究近玩细赏，近景植物选择多有文化内涵，如花中四君子梅、兰、竹、菊被文人尊为高洁自好的精神象征。如狮子林中的问梅阁取意于王维的《杂诗三首·其二》："君自故乡来，应知故乡事。来日绮窗前，寒梅着花未。"阁中桌椅、地花等均采用梅花图案，窗纹为冰梅纹，体现出园主借梅喻志的内在思想。

图1-17　苏州狮子林园景

二、传统写意山水画的形式语言

传统写意山水画的艺术形式语言主要可分为线条（笔法）和色彩（设色及墨法）两大类，可简单概括如下。

（1）传神飘逸的线条表达

线描是传统山水画中主要的表达方式。线条的粗细、浓淡、轻重缓急代表了不同的情感表达，表现了不同的韵律美。无论是简雅还是繁密，在山水画中都要先用线条来组成各式图形。画家经过长期深入细致的观察和悟道，掌握光影、远近等视觉变化自然规律，抓住植物、山石、水体等各园林要素的形态特征，然后用传神飘逸的线条把这些形态结构及神态特征传神地勾画出来（图1-18）。

（2）宁静淡雅的设色表达

在中国传统山水画中用颜料渲染称为设色，水墨画中则为墨法。中国文人画匠偏爱含蓄之美，喜爱随类赋彩的设色方式，以淡雅、简约、柔润为美；以简代繁、以少胜多，凝练地概括大自然山水的色彩；建立在水墨骨架基础上的色彩运用多以花青为主色调，配以少量的赭石、红褐色等，这种表现方法来自创作者的主观想象以及对物象固有颜色进行特征表现的策略（图1-19）。

图1-18 《富春山居图》（元）黄公望

图1-19 （清）王宸画作

三、简约平和——元代山水画特色简介

元代山水画作品将绘画与书法、诗歌等艺术手法进行完美融合，这让元代山水画在继承宋代之前绘画艺术精华基础上更进一步，创新性地把中国写意山水画推进到了一个新阶段。

元代文人的山水画笔墨简约、平和，不求形似，更重画面意境的表达，用纯粹水墨将中国传统水墨美学发挥到极致。自赵孟頫开始画风日益呈现"简率"特色，其中黄公望擅长简笔创作，用简单笔墨完成《富春山居图》的创作，另尤以倪瓒擅长章法、笔墨、物象等方面的精简，最能道出元代绘画的精神。

倪瓒（1301年—1374年），号云林子，元末明初画家、诗人，与黄公望、王蒙、吴镇合称"元四家"。倪瓒擅画山水和墨竹，笔简意远，惜墨如金。所画疏林坡岸，幽秀旷逸，而墨竹则偃仰有姿，寥寥数笔，逸气横生（图1-20）。

倪瓒的"余绘画不求形似，草草数笔，以解胸中之逸气耳"表达出画家进行绘画的主要目的是抒发情感、陶冶性情。他画作的画面虽然空疏，却能够引人产生丰富联想，起到"对云山野水，遂起无限之思"的艺术效果，从而让观者更能感受画中景物所表达的生命实质（图1-21）。

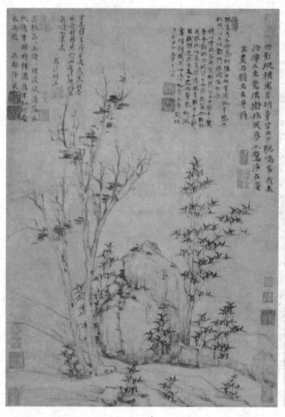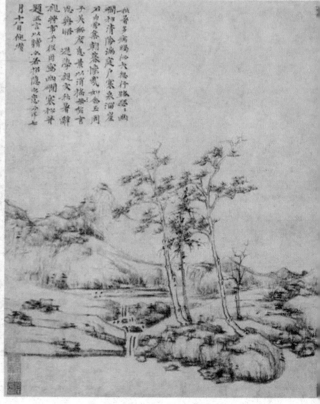

图1-20 （元）倪瓒画作一

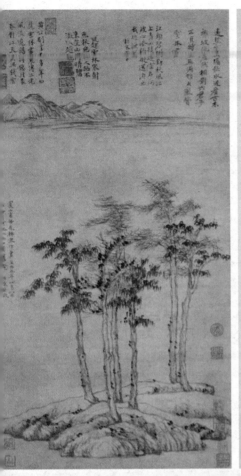

图1-21 （元）倪瓒画作二

　　倪瓒山水画的特色是墨色淡，笔意简，常用虚实表现山石的韵味。在画面效果的把控上倪瓒常采用反衬的手法。其笔下的枯树，虽然画的是遒劲、伸展的树枝却往往暗示着郁郁葱葱的繁枝茂叶；虽然只是简洁的几笔水纹线条却带出了宽阔无边、波澜起伏的水面的效果；而远处的群山则暗示着他已远离的、喧嚣热闹的都市。

　　元代文人通过写意山水画体现了他们追求内心的平静以及对祖国大好河山的热爱之情。他们的画不是对自然简单的模仿，而是在不违背事物基本规律前提下，有意弱化或摈除一些不重要的部分，将画家心境融入画境之中，从而借物表达出内心的情感和心境。看上去虽是简单随意的笔墨，实则更多的是着眼于画作的意境表达，不以五彩为主而选择了纯粹的水墨，将其中所蕴含的中国式美学发挥到了极致。

拓展知识：
中国山水画与西方风景画理论基础简介

模块二

园林景观手绘
之工具运用

能力目标

能正确评价画面意境效果；
能理解中国传统园林色彩搭配的美学精华；
能掌握马克笔、彩色铅笔等使用基本要点。

知识目标

掌握色彩表达基础原理及要点；
了解中国传统山水绘画中设色方式；
掌握现代园林工程手绘常用工具使用方法。

重点难点

重点：水墨手绘画法中对色彩的理解和运用；马克笔的绘画技法；
难点：江南园林中的色彩运用的内在逻辑和特色。

读懂大自然的色彩表情

关键点

　　色彩的三要素是色相、明度和纯度；色彩混合后可分为原色、间色和复色；色彩的对比有同种色对比、类似色对比、补色对比、冷暖色对比等；运用色彩对比，目的是突出主要部分，减弱次要部分，可达到用色少而色彩丰富之艺术效果。

一、色彩的基础知识及自然环境中的色彩变化规律

1.色彩的基础知识

（1）色彩三要素

色彩的三要素即色彩的色相、明度、纯度。

① 色相，即色彩的相貌，如红、绿、橘黄、玫瑰红、草绿、湖蓝等。

② 明度，由于光的照射（入射角不同等），物体产生明暗，色彩产生层次。色彩的明暗深浅变化即明度。一种颜色从浅到深有许多层次，如浅绿、中绿、深绿等，中间有显著的明度差别，浅绿明度较高，深绿明度较低。不同色相，各色之间亦有不同程度的明度差异，如黄色比蓝色明度高。

③ 纯度，也称"饱和度"，即色彩的鲜艳程度。

（2）色彩的混合

① 原色，是用以调配其他颜色最基本的颜色，而它本身用其他颜色都无法调出来。原色有三个，即图2-1中的红、黄、蓝。用三原色可以混合出任何其他颜色。

② 间色，即三原色中任何两色做等量混合所产生的新色（图2-2）。红＋黄＝橙，蓝＋黄＝绿，红＋蓝＝紫。橙、绿、紫三色就是标准的间色。

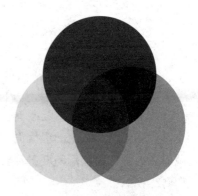

图2-1　原色

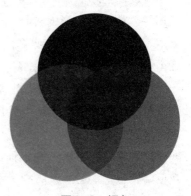

图2-2　间色

③ 复色，任何两个间色相混合所得的颜色称复色，亦称"再间色"。由于混合比例的变化和色彩明暗深浅的变化，故复色的变化非常多。

（3）色彩的冷暖

色彩的冷暖倾向，即在色彩关系中，所有色彩都带有或冷或暖的倾向（图2-3）。在色环中，从蓝色到紫色之间的颜色为冷色，从红色到黄色之间的颜色为暖色。

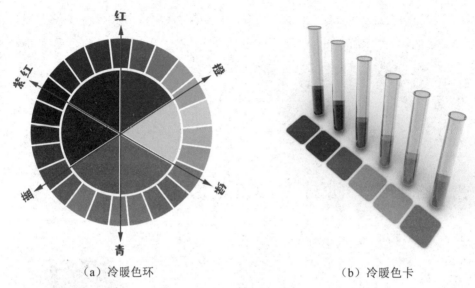

（a）冷暖色环   （b）冷暖色卡

图2-3 色彩的冷暖

（4）补色的运用

在色环上补色是相互距离最远的一对颜色。

我们观察红纸上的黑字时，会感到黑字趋向绿。这就是补色现象。显然，我们的眼睛看了大量红色之后需要补充一些绿色，因为红色与深浅适度的绿色配合会让人的眼睛感到比较舒服。

（5）色调的控制

色调即色彩的调子。"调子"一词借自音乐。音乐以高低、强弱、节奏和旋律组成曲调。色调亦以色彩的种种综合表现形成所谓冷调、暖调、灰调、明调、暗调、红调、紫调等，或鲜艳明快，或淡雅沉着，或庄重肃穆。所谓色调即是色彩冷暖、明暗、强弱等因素有韵律的综合表现。

自然界中各种物象呈现出来的色彩，由于其自身的不同以及时间、空气和气候等影响既有变化而又和谐统一地组合在一起，并共存于统一的色调之中，而不同的色调会给人带来完全不同的感受。

我们来看看下面三幅不同冷暖色调的画面，暖色调的感觉是日出、夏季（图2-4）；灰色调的感觉是冬季、清冷（图2-5）；冷色调的感觉是夜晚、寒冷（图2-6）。

图2-4　暖调　　　　　　　　　　图2-5　灰调　　　　　　　　　　图2-6　冷调

　　师法自然的中国传统园林色调一般较为淡雅，常采用明灰调，就如在色相环中适量加入浅灰色，所形成的高明度灰调子画面在总体平静的感觉下蕴含着高雅和恬静（图2-7）。

图2-7　苏州园林的淡雅色调

2. 自然环境中的色彩变化规律

大千世界中色彩五彩缤纷、千变万化，虽然让人眼花缭乱但其实还是有一定的客观规律可循。

（1）自然环境各要素的色相呈现规律

就广义的天地间普遍而言，大家可观察到自然界基本遵循着蓝色的天空与黄褐色的大地之间衍生出了绿色的各类植物，植物又会开出五颜六色的花朵这一基本的色相呈现规律（图2-8）。

从中国传统山水画的设色中也可以同样感受到这种色相呈现的基本规律。如传统青绿山水画在表达山体时常采用石青等与蓝天颜色相对应的青绿色，在表达植物时常采用花青等呼应黄褐色大地的黄绿色（图2-9）；而传统浅绛山水画则是以赭石（或加墨）为主的、类似大地的棕褐色作为画面的主体色调（图2-10）。

图2-8　自然风光实景

（2）随空间变化的色彩透视变化规律

虽然自然界中同类物体，如花、叶的色相相对是固定的，但随着远近的空间透视变化同类物体色彩在明度、饱和度上也会产生变化。透视规律不仅指形体近大远小的变化规律，也同样适用于色彩在视觉上的变化。总体而言近处的花叶色彩相对饱和、鲜明，远处的则色彩相对不饱和且模糊，这与自然界中空气的隔离也有一定的关联（图2-11）。

图2-9　青绿山水（明）沈周

图2-10　浅绛山水（元）黄公望

图2-11　远近景的色彩对比

（a）晨昏

（b）中午

（c）夜晚

图2-12　随时间变化的色彩冷暖互补规律

（3）随时间变化的色彩冷暖互补规律

除了物体自身色相的冷暖外，一天中随着时间的变化环境中的总体色彩冷暖也会随不同时间段阳光的照射产生相应的变化（图2-12）。一般而言自然环境中早晨和黄昏时光线色彩偏暖，阳光照到的地方一般偏黄色或橙色，与之形成对比的是背光及阴影处的地方为偏冷的灰蓝色；而夜晚时因光线为折射光，在深蓝的夜幕背景下呈现为偏冷的蓝紫光。早晚之间的光影就在这冷暖之间不断过渡循环，尤其在大雪纷飞的冬季，这种早晚的色彩冷暖对比尤为明显。

二、江南园林中的色彩对比与变化

传统园林中的色彩关系层次丰富而变化有序，园林建筑与园林植物色彩构成自成体系，且对比明显而又相互协调，具体可简单归纳为以下两点。

① 建筑色彩深受道家思想的影响，背景以灰调的黑白为主，以衬托山石花木之美，并与冬季的黑土白雪相呼应。

② 以树形优美的高大绿色植物为背景或独景，点缀以花卉、果实等随四季轮转中而带来的缤纷色彩变化。

传统园林造园文化的精华在于师法自然的园林意境的营造。自然万物随季节轮换和生命更替的色彩变化是园林意境营造中的主要展示内容。这种随着时间演替而带来的变化主要有

（a）拙政园春景

（b）拙政园夏景

图2-13 "季相"变化

以下几种：季节的变化，称"季相"变化（图2-13）；朝暮的变化，称"时相"变化；阴晴风雨霜雪烟云的变化，称"气象"变化；有生命植物的变化，称"龄相"变化等。

拓展知识：
传统绘画中的用色方法

学会使用马克笔和彩色铅笔

关键点

根据色彩规律先选择出适合颜色的画笔；用马克笔上色时手腕要保持不动，笔头不要离开纸面，要按照一个方向快速、有规律地组织线条和运笔；蜡质彩色铅笔上色时要注意笔触排列及色彩调和的效果。

一、马克笔和彩色铅笔简介及运用

1.马克笔的种类

马克笔属于记号笔，是一种书写或绘画用的绘图彩色笔，本身含有墨水，且通常附有笔盖。一般分硬头马克笔和软头马克笔两种（图2-14）。

（a）马克笔笔头　　　　　（b）马克笔线条

图2-14　马克笔

硬头马克笔有较硬的宽细两个笔头，宽的一头形状较为宽大、扁平，细的一头则比较细圆；宽头画线较为整齐清晰，适用于大面积排色，宽头侧峰则能画出粗细不同、富于变化的线条；而圆头较适合画一些树枝等细节表现。

软头马克笔有软硬两头，硬头与常规硬头马克笔的宽笔头一样，软头外观与毛笔相仿，可模拟出传统毛笔勾笔、点笔等笔法的绘画效果。

2.马克笔的笔触

用马克笔上色时手腕要保持不动，笔头不要离开纸面，要按照一个方向快速、有规律地组织线条和运笔。在练习的时候要避免出现如运笔太慢、犹豫，手腕过于僵硬及笔头未压实在纸上等问题。

硬头马克笔，笔触一般分为顺、折、叠、扫、点笔等（图2-15）。

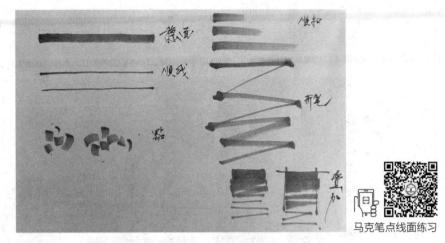

图2-15　硬头马克笔笔触

马克笔点线面练习

① 顺笔——指平稳的粗或细直线条，多用于大面积色彩平铺。

② 折笔——指带转折的线条，笔宽有粗细、旋转的自然变化。

③ 叠笔——指叠加的线条，体现色彩的层次与变化。可分为直线叠笔和曲线叠笔，曲线叠笔常用于乔灌木的上色。

④ 扫笔——先扣住一端边界后快速扫出的线条，绘画时笔头向上慢慢抬起，至线条末端笔头已抬离纸面，多用于颜色、光影有虚实过渡变化的地方。

⑤ 点笔——指转动笔头的点或短线，常用于体现植物的团簇效果。

软头马克笔笔法，参照毛笔中的尖锋、中锋、侧锋笔法（图2-16）。

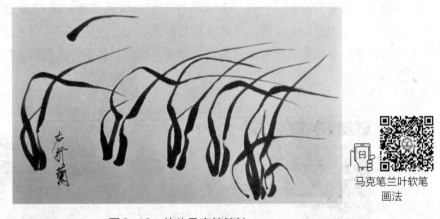

图2-16　软头马克笔笔触

马克笔兰叶软笔画法

3.马克笔上色练习

① 选择画笔颜色。一般园林背景、远景常为偏蓝、绿等冷色调，近景常为偏红、黄等暖色调。

② 背景、远景等画面基调色彩部分的上色。

③ 画面主体（构图中心）部分的上色。

④ 细节表达部分的上色及阴影绘制，以加强构图中心部分的对比度及清晰度（图2-17）。

马克笔上色练习

图2-17 马克笔上色案例

4.马克笔与彩色铅笔结合的表现方法

彩色铅笔简称为彩铅，一般分为水溶性和蜡质两种（图2-18）。水溶性彩色铅笔上色效果较好，因为它能溶于水，与水混合具有浸润感，上色后可用水彩笔蘸水涂抹出类似水彩的效果，也可用手指擦抹出柔和的效果。蜡质彩色铅笔上色时要注意笔触排列及色彩调和的效果。

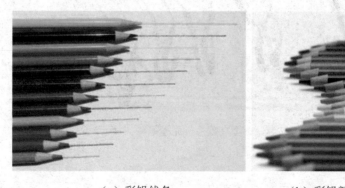

（a）彩铅线条　　　　　（b）彩铅颜色

图2-18 彩色铅笔

因马克笔具有快速上色的特点，故彩铅常作为马克笔的上色配套工具使用，用于画面主体（构图中心）细节表达部分的材质肌理效果等细节表达，以及对马克笔色彩的修止。如在给图2-19中的竹林上色时，竹林下部靠近隔墙处可用普蓝色彩铅画出竹林下端的暗部效果，彩铅的笔触与静物素描的笔触类似。

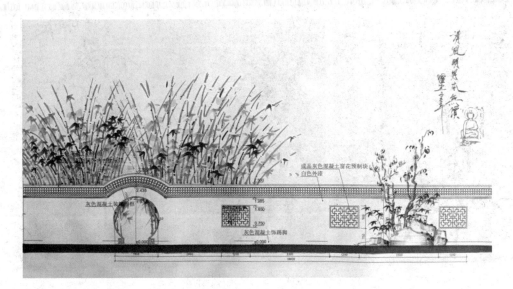

图2-19　彩铅上色案例

二、马克笔的毛笔效果

毛笔被列为中国的文房四宝之一，分硬毫、兼毫、软毫，是一种源于中国的传统书写工具和绘画工具。在中国传统绘画中，毛笔被用来勾勒线条、调墨和色彩以及渲染。中国画的技法是中国的书画家和民间艺人在长期的社会生活和艺术实践中感悟和提升而形成的，具有独特的民族气质，故中国画的技法实际上可以理解为中国画家运用毛笔的技法。

以下是古人总结的几种毛笔的用笔控制方法。

① 平，如"锥划沙"，力量匀实，不结不滞，只有控制住笔，线才能平实有力。

② 圆，如"折钗股"，线条光滑圆润、圆转有力，富于弹性，转折自如，刚柔相济，富于弹性而有力量。

③ 留，如"屋漏痕"，高度控制，积点成线，不漂不浮，像刻进墙皮，沉稳有力。线条是高度控制，行处皆留，意到笔随。

④ 重，如"高山坠石"，下笔就有力量，笔的压力要大，要压得住纸，充满力量，力透纸背，入木三分。

⑤ 变，如"百川归海"，控笔或轻或重或疾或缓，自如转换，线条是意到笔随，转换自然，一气呵成。

以上几种用笔方法在郑板桥的竹、石、兰图中有清晰的体现（图2-20）。

图2-20 （清）郑板桥画作

毛笔在中国有非常悠久的使用历史，尤其在传统艺术绘画中创造出许多璀璨的文化精华，在中国传统写意绘画中毛笔有着不可替代的作用。而马克笔色彩种类较多，通常

图2-21 国风马克笔线条练习案例

多达上百种，使用时可按照常用的频度分成几个系列，如不同色阶的灰色系列，故相对于毛笔来说使用起来非常便捷。用马克笔进行绘画时，笔触以排线为主，故有规律地组织线条的方向和疏密，有利于形成笔触整齐的画面效果。马克笔可以通过不同的笔尖部位画出粗细不同效果的线条，并能通过转动笔头等方式画出粗细可自然转变的线条。综上，马克笔具有作画快捷、色彩丰富、表现力强等特点，尤其受到现代设计师的青睐。

通过以下系统的学习和练习，我们就可便捷地运用马克笔画出类似毛笔的画面效果（图2-21～图2-24）。从我国传统的写意画法中吸取丰富营养，不仅利于提升自己的审美素质，并还可将其实际运用于当下日益受到大众欢迎的中式风格的园林工程建设中。

图2-22　国风马克笔临摹案例——《富春山居图》(部分)

图2-23　国风马克笔临摹案例——《清明上河图》(部分)

图2-24 国风马克笔临摹案例——《千里江山图》(部分)

拓展知识:
传统国画颜料的种类和材料简介

模块三
传统园林景观手绘之基本要素的表现

能力目标

能够品鉴中国传统园林的艺术之美；
能正确评价手绘成果的质量优劣。

知识目标

了解手绘技法的基本原理；
掌握植物、山石、水、人物手绘表达基本要点。

重点难点

重点：乔灌木等植物、山石的线条手绘方法；
难点：人物的线条手绘方法。

单元一

骨法用笔画出感性线条

关键点

不同的线条表达的信息可以是不一样的，和所描绘的物体一样线条也可以是感性的；试着改变握笔的力度和角度，尝试不同组合的线条，去发现其中的不同。

一、骨法用笔的工具选用

1.传统骨法用笔简介

"骨法用笔"是古代南齐谢赫的画论《古画品录》中六法之一，被国画大师潘天寿称为"东方绘画的精髓"。骨法用笔一般指用笔的艺术性，包含如笔力、笔法、笔韵等结构表现的意思在内，成为历代评画的重要标准（图3-1）。就国画的画史来说，可以说骨法用笔从原始时期的陶器绘画线条造型开始出现，到中唐以后在文人画与书法中继续得到不断强化，最终成为中国国画和书法的特有基因，这也是有别于西方绘画的重要之处。

当代画家郭味蕖说骨法用笔要讲究笔气、笔力和笔韵。笔气指用笔时要运气，要一气贯注、首尾衔接方能画出生动的线；笔力指运笔讲究要指力、腕力和臂力统一，用力须有分寸，有巧、拙、轻、重之分，笔必随心使才能画出绘画对象特有的味道；笔韵指通过用笔表达出的格调和意境，用笔得当才能将物体的表面质感、重量以及动态等韵味生动地表现出来。

图3-1　小枝毛笔线条画法（摘自《芥子园画谱》）

2. 工具选用

园林工程手绘的目的在于园林景观设计的快速表达与沟通，故应选用常见的、可快速绘制的常见工具与材料。本书中的国风工程手绘采用的工具与材料主要包括铅笔、记号笔、马克笔及复印纸等较为常见的工具与材料（图3-2）。

图3-2 国风马克笔写意画常用工具

二、骨法用笔的绘制技巧

1. 握笔姿势

借鉴传统骨法用笔中笔力的意境要求，要求在取得指力、腕力和臂力的统一后能通过手指达于笔端并落在纸上。手绘握笔的具体姿势要求握好笔后，以手腕根部为支点，随着手腕的转动，画笔在手指的控制下可自如地向各个方向进行绘制及抖动出连贯的线条（图3-3）。

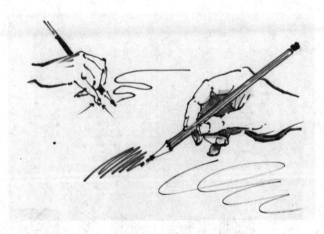

图3-3 国风马克笔写意画握笔姿势

故握笔姿势主要注意以下两个方面：

① 大支点在手腕根部，手腕自然上扬；拇指、食指、中指握住笔杆；笔杆靠在食指第三指节上。

② 拇指第一、第二指节弯曲，食指第二、第三指节弯曲，拇指与食指夹住笔杆，中指第一、第二指节微弯并在下部托住笔杆；食指距离笔尖2～3厘米。

2. 线条表达方式

借鉴传统骨法用笔中笔气、笔韵的意境要求，按笔速的快慢可分为感性的快线、慢线和变形线，要求绘画者在练习时要先赋予线条或飘逸或凝重，或坚硬或柔软，或沉重或轻盈等特性，让画出的线条具有园林工程常见要素（如石头、水体、树木等）的一些自然特质。绘制过程可分为起笔、中段和收笔三部分，绘制时要运气，要一气贯注，从始笔到末笔要首尾衔接，避免画出无力、僵硬或琐碎的线条效果。

（1）快线条

常采用记号笔、硬头马克笔细笔头绘制；笔速较快，犹如百米赛跑，线条绘制一气呵成，起笔、收笔部分较重，中间部分线条干净、飘逸（图3-4、图3-5）。

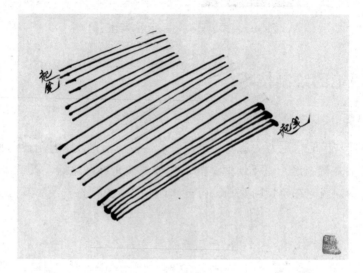

图3-4　快线条练习案例一

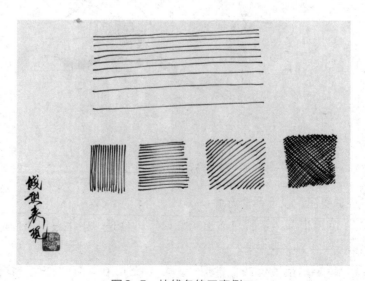

图3-5　快线条练习案例二

（2）慢线条

常采用记号笔、硬头马克笔细笔头绘制；笔速较慢，随着手腕及指尖的自然生理抖动让线条体现出水纹、植物枝干等园林各要素自然的景观效果（图3-6）。

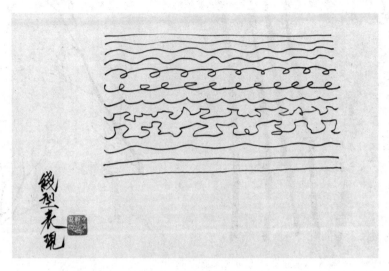

图3-6　慢线条练习案例

（3）变形线条

常结合要表达的物体特性合理选用硬头或软头马克笔进行绘制；在画植物时先要对微风中兰花、竹子、梅花等植物带有一定动态的形体外观有一个清晰的认识，线条的表现要能反映出该物体或硬或软等一些标志性特征及形体变化特点（图3-7～图3-11）。

图3-7　变形线条
练习案例——兰叶

兰花软笔线条画法

图3-8　变形线条练习案例——竹叶

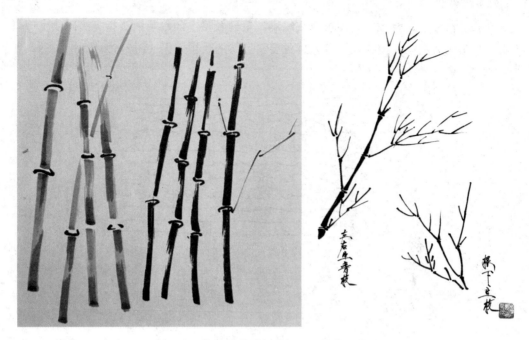

图3-9 变形线条练习案例——竹竿及竹枝

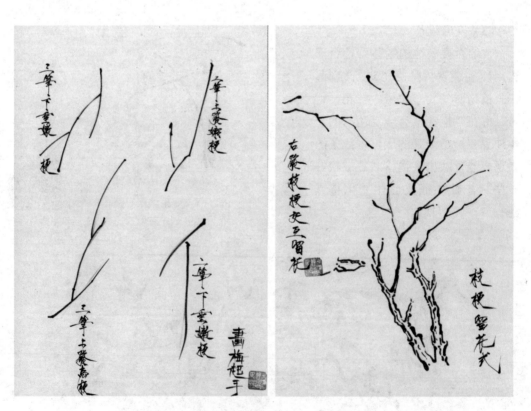

图3-10 变形线条练习案例——树干及树枝

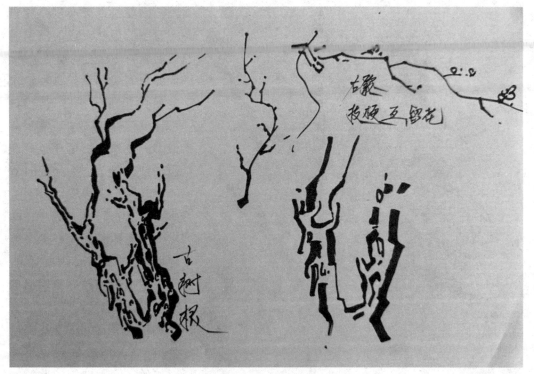

图3-11 变形线条练习案例——古树

古树枝干硬笔线条
画法

3.表达效果要求

① 线条要肯定、结实；忌轻飘、柔弱、琐碎。

② 用线要有变化、快慢结合，虚实相间。

③ 用线要有规律，要能体现出所绘制物体的标志特性。

4.线条练习要求

① 练习时不是随便乱画，要求在下笔前意已经先到，速度的快慢以及线条表达的对象是什么自己心中一定要先有"谱"。

② 手腕以及指关节要放松，画线过程中不要停顿和犹豫，线条才能变化自然。

三、白石老人画虾的技法简介

齐白石（1864年1月1日—1957年9月16日），是近现代中国绘画大师，擅画花鸟、虫鱼等来源于民间生活的素材。绘画作品笔墨雄浑，色彩明快，且造型非常简练生动。主要绘画作品有《墨虾》《牧牛图》《蛙声十里出山泉》等。

齐白石约13岁开始学艺，29岁至40岁的书画作品被多家博物馆视为"馆藏之宝"，45岁至60岁的作品更是炉火纯青。在62岁时，白石老人认为自己对虾的体会还不够深

图3-12　齐白石画虾三变案例

刻，需要长期细心观察和进行写生，虽然一段时间的练习后画的虾已达到神形兼备，但齐白石仍不满足继续追求笔墨的简练。齐白石自言："余之画虾已经数变，初只略似，一变毕真，再变色分深浅，此三变。"齐白石63岁一变时的虾墨色无太多变化，虾腿共10条，相对繁琐；68岁二变时的虾加上虾头一笔浓墨与透明的虾体形成对比，虾眼则由圆点改为更灵活的短横画；70岁后三变时的虾已将略显繁琐的8条虾腿减剩至5条，所绘虾须更是柔韧如丝、刚柔并济。此时的白石老人以"折钗股"般的功力控制着每一条线的力度，画出的虾身在虚实、浓淡的墨色中呈现出透明而富有弹性的微妙变化，而在轻盈舞动的虾须映衬下虾钳显得更加刚劲有力。整幅画面虽没有画水却让人感受到小虾在满画幅的清水中轻盈地游动，在扎实的造型勾画中融入了写意的意趣，最后达到神形兼备、妙趣横生的境界（图3-12）。

拓展知识：
传统山水画与景观速写中的线条表现差异

树木及梅兰竹菊等园林植物的表达方法

关键点

　　首先要结合立意挖掘出需表达的植物美感，再结合画面效果先想好园林植物的大体外观姿态；画树一般先画树干、小枝，然后点以树叶；树干要分阴阳向背，树叶要有组合层次。兰花等花草要抓住其形态结构特征以及特有的风采和美感进行表达。

一、园林植物的形态特征与表现方法

　　江南园林的植物造景手法重在师法自然，或间接借鉴山水画，植物姿态和外观常采用苍劲与柔美相配合，配置效果上讲求入画，同时还注重花木外观造型、色彩搭配、季相变化等，追求"古""奇""雅"的植物意境效果。

　　江南园林的植物种植常规搭配原则如下：种植高大乔木以荫蔽烈日，古朴或姿态优美的树（如虬松、曲柳等）供人欣赏，再点缀以有开花结果和有香味的小乔木及灌木（如丹桂、茶花等）。

1.传统写意绘画技法

　　中国传统写意绘画重在体现植物的姿态美感和内在精神，一般将植物分为古树（枯树）、大树、丛树，以及有特定含义的梅兰竹菊来进行分类表现，这与现行西方的园林植物分类略有不同。如按当下的园林植物分类标准区分，古树和大树可归属于乔木，而梅竹归属于灌木，兰菊则可归属于花草。

　　（1）传统写意画法中大树的表现方法

　　树木是中国写意山水画中最常见的素材。《芥子园画谱》中说道："画山水必先画树，树必先画干，干立加点则成茂林，增枝则为枯树，下手数笔最难，务审阴阳向背、左右顾盼……"要想画好一棵姿态优美的大树并不容易，最重要的就是先要走出去，对各种树木进行仔细的观察，感受树木优美自然的姿态以及不断向上旺盛的生命力。

　　传统山水画画树先画枝干。起手画法所谓"石分三面，树分四枝"，指树干上一般画出大概四处分枝点（四枝分布要相对匀称且相互有穿插），树冠其他小的枝条皆由此四条分枝发出。

　　写意绘画中画树可分为立干、分枝、点叶、着色四个步骤。其中要注意以下两点：

① 立干步骤中树干用笔要慢而不滞，要结合树干缓慢生长过程中形成的外观特征，分阴阳虚实、快慢有序地进行表达，而枝条的线条可稍快而灵活，且注意前后穿插关系的表达。

② 点叶步骤中有"点叶"和"夹叶"两种画法，直接用墨点出的为点叶画法，用线描出的为夹叶画法，我们在利用马克笔等现代工具进行具体作画时不宜死守成法，应根据树叶具体形态特征合理选用不同深浅的灰色系列软硬头马克笔进行绘制（图3-13～图3-15）。

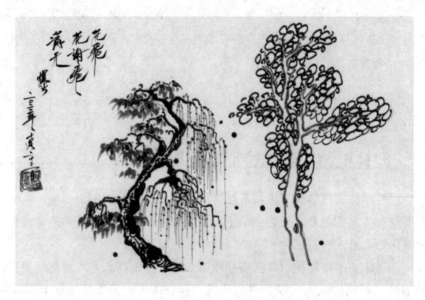

图3-13　国风马克笔乔木画法案例一

乔木硬笔画法

图3-14　国风马克笔乔木画法案例二

图3-15 国风马克笔乔木画法案例三

（2）传统写意画法中梅兰竹菊的表现方法

在中国的传统文化中梅花、兰花、竹子和菊花是花中的四君子，不仅外观秀丽、典雅，还分别代表了傲、幽、坚、淡四种美好品质，通常被用来形容文人君子身上所带有的美好品格。如梅象征着坚守自我的高洁之士；兰象征肆意潇洒不理俗世的世上贤达；竹象征有不屈骨气和谦虚胸怀的谦谦君子；菊则象征隐居山林的世外隐士。中国传统写意画法把梅兰竹菊内在的精华和内涵完美地结合并体现了出来。

① 梅花的表现方法。梅花小枝细长，寒冬中最先开放。梅花外形"木清而花瘦，梢嫩而花肥，交枝而花繁多"。画梅时要"贵稀不贵繁""贵瘦不贵肥""贵老不贵嫩""贵含不贵开"，将梅花的优美姿态展现出来（图3-16）。

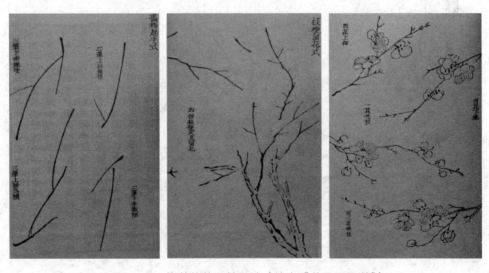

图3-16 梅花传统毛笔画法（摘自《芥子园画谱》）

绘画过程中注意运笔要稍快速，不能迟疑、停滞和反复；新枝要如弯弓、钓竿般富有弹性且小枝不可过繁；树干要有力挺向上之态，且干上要预留旁枝、空眼；另画梅花时注意开放的花朵要结合正侧向背的各朝向组合，且应以花苞居多（图3-17～图3-19）。

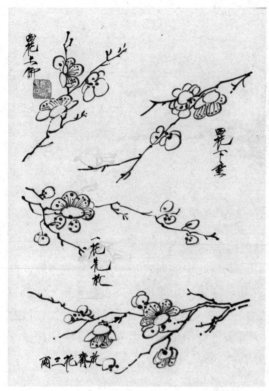

图 3-17
国风马克笔梅花画法案例一

梅花小枝及花朵
软硬笔结合画法

图3-18　国风马克笔梅花画法案例二

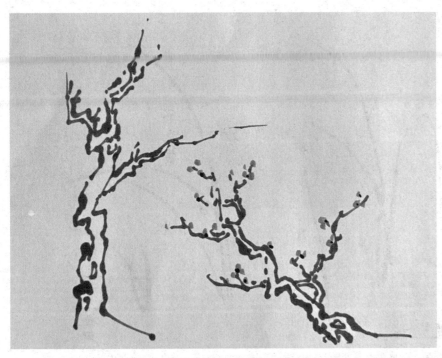

梅树硬笔画法

图3-19　国风马克笔梅花画法案例三

②　兰花的表现方法。工程手绘中画兰的重点在于兰花叶片的表现。兰花叶风韵飘然，外形特征有"钉头鼠尾螳肚子"之说（图3-20）；通常有左右撇叶、折叶、断叶几种叶形，兰花成丛多叶，画时要注意左右均衡，不能偏于一边；叶片一般从根部起画，叶片间形成自然穿插的效果，可先画出前方较为完整叶形，再画出后面穿插的花叶（图3-21）。

图3-20　兰叶传统毛笔画法（摘自《芥子园画谱》）

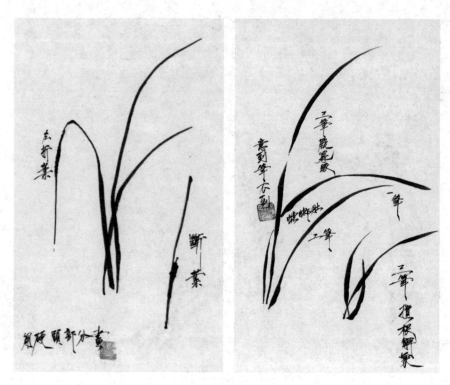

图3-21　国风马克笔兰叶画法案例

　　③ 竹子的表现方法。画竹"必先立杆，杆中留节，节上生枝，分枝平直圆正，末梢逐渐变短"；"叶应附在枝上，嫩枝和柔而婉顺、节小而肥滑；叶多则枝覆，叶少则枝昂；梢头叶一般分左右相互呼应"，《芥子园画谱》中一到六笔的竹叶画法口诀就非常生动、形象地抓住了竹叶的外观及组合特点（图3-22）。

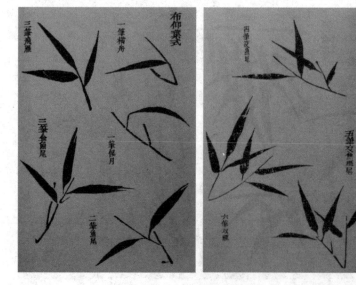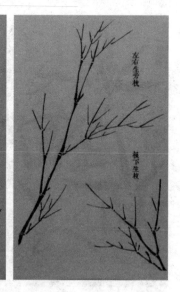

图3-22　竹叶及竹枝传统毛笔画法（摘自《芥子园画谱》）

画竹时先结合竹丛大体形态画出竹枝骨架，注意主干要体现出老枝挺拔、枯瘦特征，下笔要有力而连贯，节上发出小枝则落笔要轻快而圆滑；画竹叶时起笔要先顺势按下，随后提笔拉起，叶梢颜色稍淡或带些许笔锋，颜色过渡要自然。

叶叶相加是竹叶的典型特色，可按照写"八""个"和"介"字的方法不断进行叠加绘制，同时注意要抓住季节特点来表达，春天的竹叶要有昂头上承之势，夏季要有层叠下俯之状（图3-23～图3-26）。

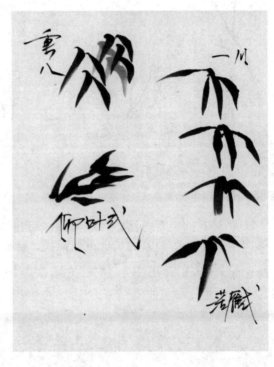

竹叶软笔画法

图3-23
国风马克笔竹叶
画法案例

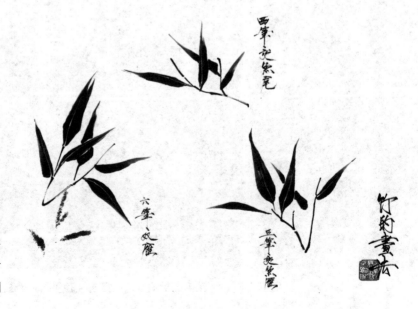

图3-24
国风马克笔近景竹叶
画法案例

模块三　传统园林景观手绘之基本要素的表现

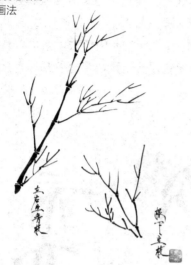

图3-25　国风马克笔竹枝画法案例　　　　　图3-26　国风马克笔竹子画法案例

　　④ 菊花的表现方法。传统园林中菊花多以花丛效果出现（图3-27），且"花须掩叶、叶宜掩枝"，具体作画顺序为根枝位置先定，花叶画完后才把枝条画出来。因在园林工程中菊花的运用较少，故相关国风写意画法在这里就不做详细的介绍了（图3-28）。

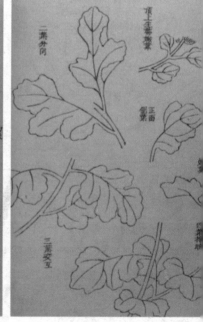

图3-27　菊花传统毛笔画法（摘自《芥子园画谱》）

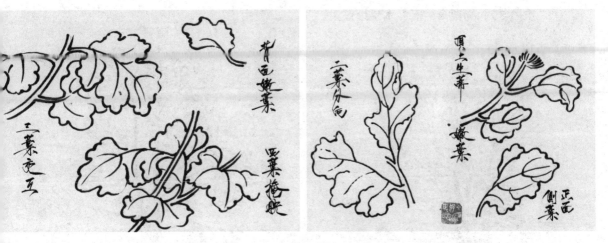

图3-28 国风马克笔菊花画法案例

以上写意画法要点均来自《芥子园画谱》，从中我们可以看出中国传统写意画法是在对梅兰竹菊进行仔细的观察后总结出来的，不仅形象生动地刻画出植物自然的美态，而且将其与文人的思想品质完美地结合并体现出来。

2.建筑师手绘技法

乔木形态间最大的区别在于树冠的形状和叶片的特征。故首先可利用几何分析法，抓住乔木外观轮廓几何特征；可先用描绘常规植物外观特征的颤线画出树冠外轮廓及团簇的叶片效果，再用有力的慢线画出树干、树枝，然后进行光影分析，再用同样的颤线画出团簇叶片的暗部。也可借鉴传统树木写意画法中的"夹叶"画法来进行表达。

树冠的形状可简单分为球形和塔形，其中球形又可分为圆球形、椭圆形、圆柱形等。

图3-29为圆球形树冠乔木手绘效果。

图3-29 圆球形树冠乔木画法案例

图3-30为椭圆形树冠乔木手绘效果。

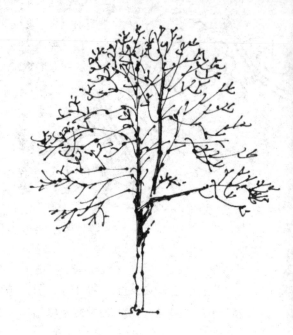

图3-30　椭圆形树冠乔木画法案例

　　修剪型常绿灌木是现代常见的园林灌木类型，外观多为矩形、球形等规则几何形体，绘画时注意一般顶部为亮部，下部近地面处为最暗部（图3-31）。
　　参照《芥子园画谱》中的绘画要点，中式园林乔木小枝的常见画法有"鹿角"及"蟹爪"两种（图3-32），"鹿角"画法用于树枝向上生长的树木，较常用于表达初春或秋天的树林，"蟹爪"画法用于树枝向下悬吊的树木，较常用于表达寒冬时节的树木。以上技法经验同样也可用于建筑师手绘技法表现中。

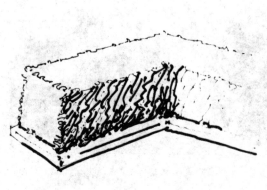

图3-31　矩形组合形体灌木画法案例　　　　　　图3-32　中式园林乔木画法案例

二、白石老人的红花墨叶技法简介

　　齐白石老人早年以木匠为业，20岁因在东家干活时发现半本《芥子园画谱》才开始自学绘画。50多岁定居北京开始了"衰年变法"阶段，开创了极具特色的"红花墨叶"的大写意花鸟画风格，终自成一格，把民间艺术中的俗趣与传统文人画中的雅趣有机地统一起来，为中国画创作开辟了一条与众不同的革新之路。

　　在白石老人红花墨叶的画作中，明艳的红花与浓重的墨叶大大强化了红与黑的色彩对比，大写意的画法让整个画面酣畅淋漓，在传统基础上寻求变化，开创了雅俗共赏的艺术新风格（图3-33）。白石老人将中国写意绘画推到了一个新的高度。

图3-33　齐白石红花墨叶技法案例

　　直至1957年去世白石老人的画笔从未停止过。虽出身木匠也没有经过正规的绘画教育，但白石老人凭着勇于开创的精神，将中国写意绘画的"妙在似与不似之间"内在精华展现得淋漓尽致。

拓展知识：
浅谈江南园林及山水写意画中的植物

园林山石的表达方法

绘画时要注意石分三面，注意表现山石的体积关系；线条的排列方式应与石块的纹理、明暗关系相一致，线条表达要肯定，以体现出石头的硬度；假山石要注重整体的形态和美感。

一、园林山石的形态特征与表现方法

在园林工程中景观石也称为园林石、风景石、观赏石，指在园林景观中起到点缀、美化景观作用，本身具有一定美感的石头，在景观设计中经常会被用到。

石头蕴含了天地人文的灵气，在中外古典园林史上都产生了深刻的影响。叠山置石是中国最古老、最典型、最独特的园林假山造景手法。石为山之骨，山为园之骨。园林置石贵在以少胜多，三五参差，大小各异，气脉贯通，顾盼呼应。

1.国风写意手绘技法

（1）传统山水写意画中山石的表现方法

中国传统写意画中画山石分为勾、勒、皴、擦、点、染六个步骤（图3-34）。勾线画出轮廓，注意阳面（上部）线条用力稍轻，阴面（下部）线条用力稍重，线条稍粗；勒笔一般由下向上画出分面的石筋；皴笔表现山石的纹理、凹凸及明暗等；擦笔是在前面皴笔基础上蹭擦以石的浑厚和苍劲感；点是为表现山石苔点（或远山小树），以增强画面的节奏感；染可分为墨染或色染，以增加山石的厚度和体积感。

（2）传统园林常见山石种类简介

在中国传统造园中最为著名的四大山石分别为灵璧石、昆石、太湖石和英石。江南园林在掇山置石时多选用太湖石，是因为偏爱太湖石特有的"瘦、漏、皱、透"，这是宋代书法家米芾所提出的品石标准（图3-35）。"瘦"突出的是山石形体的挺拔坚劲，修长多姿；"漏"强调的是石体多空洞、坑道、表面凹凸起伏；"皱"体现的是石体变化有致的皴纹、曲线等肌理；"透"要求石体空灵剔透、玲珑可人，可免除山石压抑沉闷之感。

图3-34 （明）沈周山水画作

图3-35 苏州留园石景

国风手绘技法借鉴山水画中传统山石皴法的表达技法，利用灰度不同的点及粗细线条来表达园林石的各个面及石筋线（图3-36）。

园林石的表现方法

图3-36　国风马克笔园林石景画法案例

　　在太湖石的表现中先用铅笔勾勒出太湖石的外观轮廓，然后用不同灰度的点线画出石体变化有致的各个面及简洁的皴纹效果，最后用黑色染出太湖石空洞暗面及下部阴影，将太湖石"瘦、漏、皱、透"的形体特征具体表现出来（图3-37）。

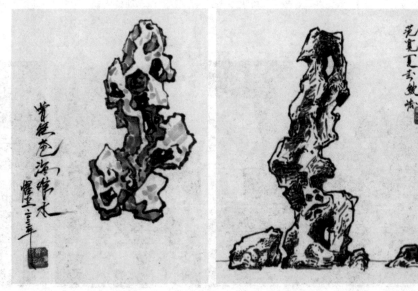

太湖石的表现方法

图3-37　国风马克笔太湖石景画法案例

2.建筑师手绘技法

绘画园林石时要注意线条的排列方式应与石块的纹理、明暗关系相一致，重点要表现出山石的轮廓与体积关系，以及要画出石头大小相间的自然效果；线条表达要肯定，并利用粗细线强烈的对比来体现出石头的硬度（图3-38、图3-39）。

图3-38 中式园林石画法案例一

图3-39 中式园林石画法案例二

二、江南园林中的叠山置石技法

叠山置石是传统造园艺术中最重要的组成部分。

对于大多数平地造园的江南私家园林而言，山石形成了空间的竖向骨架，加强了其整体性。山体是空间的垂直界面，可以隔绝视线，对空间的分割比其他要素更为明确，在构图上起着近、中、远景的作用，可以丰富空间的层次和景深，使意象更加完整（图3-40、图3-41）。

图3-40　苏州留园组合石景

图3-41　苏州拙政园组合石景

而小型庭园中，常选用轮廓奇巧、玲珑的石块立于堂前、水池、洞口、漏窗或路径的转折处，起引导、对景、框景的作用，也可作为视点或局部构图中心。

拓展知识：
浅谈江南园林及山水写意画中的石景

单元四

动静水体的表达方法

关键点

园林景观水景大致可分为动水和静水，水在空间的处理一般以留白为主；其中动水的线条表达注意要轻盈、流畅、具有层次感，静水表达要体现出远近、虚实的过渡效果。

一、动静水体的形态特征与表现方法

1.国风写意手绘技法

（1）中国传统园林中水景的运用

山为骨，水为脉，山因水而活，水因山而灵。山石构成园林的骨髓，水则是活化园林的血液。画论有云："水因山转，山因水活"。园林与水有不解之缘，素有无水不成园之说。水体通过与山的对比形成明显的虚实变化，又通过其倒影收景于面，给人以虚而不空的观景感受（图3-42）。

图3-42　苏州拙政园水景一

"开合处理"在画境与园境营造中都是重要的一环。开合有致是山水画绘水表境的核心章法。通过笔墨的聚散、松紧表现水景的节奏。而传统园林中"开合处理"则是理水的根本之法。在江南园林中水形以自然式为主，水面有开有合、有聚有分，聚则水光潋滟、开阔明朗，分则萦回环绕、曲折幽深（图3-43）。

图3-43　苏州拙政园水景二

（2）传统山水画中水体的表现方法

　　传统山水画中水体多以江河湖海、山泉、瀑布、溪涧等自然水体形式出现，故需要结合周围环境进行综合表达（图3-44）。水体表现多采用留白及线描的方法，用网状纹、鱼鳞纹表现相对静止的静水面，用流畅的线条表现出山泉溪水的流动感和速度感，同时将旁边的驳岸、山石暗化以衬出水体的白练之美（图3-45、图3-46）。

图3-44　傅抱石山水画作

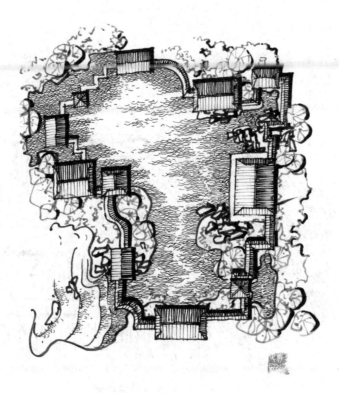

图3-45　国风马克笔静态水景画法案例

动水的表现方法

图3-46　国风马克笔动态水景画法案例

2.建筑师手绘技法

水体表现采用留白的方法，以流畅的线条表现出泉水流动感和速度感，将水体后部及旁边的山石暗化以衬出水体的白练之美，而在静水表现中的倒影可以较好地增强画面意境和气氛（图3-47、图3-48）。

图3-47　山泉动水画法案例

图3-48　水池静水画法案例

二、水景画法中的"计白当黑"

"计白当黑"原出自清邓石如论书法艺术美的创造法则之一。指将字里行间的虚空（白）处，当作实画（黑）一样布置安排，虚空处虽无着墨，却也是整体布局谋篇中的一个重要组成部分。"字画疏处可以走马，密处不使透风，常计白以当黑，奇趣乃出。"
（语出《艺舟双楫·论书一·述书上》）

在中国传统水景绘画中"计白当黑"的使用十分普遍。早在宋代著名的山水画家马远便已充分利用这种技法设计画面构图。《梅石溪凫图》（图3-49）为马远的一幅花鸟小景，在该作品中"黑"处为一角坚硬岩石，"白"处则为一湾透亮清水，构图简洁巧妙，布景疏朗开阔。

"计白当黑"不仅是一种构图的技巧，更是一种关于有无的哲学思想。在这里"白"可以看作"无"，"黑"可以看作"有"。经过画家的高度概括以后，画面中看得见的实体图形与留白之处会形成一种在内容与形式上的共生关系，要观赏者用自己的逻辑思维补充画面留白处隐藏了的具体内容。如白石老人画的《群虾》（图3-50），通过对水中的虾的深入研究，纸上之虾似在水中不停嬉戏游动，画面留白处已变成清澈水流，随群虾的游动而荡漾（可从虾须的变化中体现出来）。可见"计白当黑"在不知不觉中能诱发人们的想象，从而创造出因人而异、各具特色的不同艺术感悟。

图3-49 （宋）马远画作   图3-50 齐白石画作

综上所述，水景画法中的"计白当黑"不仅是一种构图的技巧，更是一种基于人们日常生活体验的、关于有无的哲学思想体现。

拓展知识：
浅谈江南园林及山水写意画中的水体

单元五

配景及点景人物的表达方法

关键点

在园林工程手绘中以人物的大小比例推敲建筑环境大小，以人物的活动来表达环境或建筑性质与功能；人在运动时，头、胸、臀等部位形体通常不变，而是通过颈、腰的动作引起相应位置的变化，从而使人物的头、胸、臀的形体发生了相应的透视变化。

一、手绘人物的作用及配景和点景人物的画法

1. 手绘人物的作用

① 配景的作用，可以人物的大小比例推敲出建筑环境实际大小。

② 点景的作用，即以人物的活动来表达环境或建筑性质与功能，在透视图中通过人物的活动情景来说明设计意图，通过人物情景的描绘来表达设计者想要创造的理想境地，如清幽庭园、繁华商业街、休闲娱乐公共空间等。

2. 人物手绘的基本知识

人体可简单分成"一竖、二横、三体、四肢"（图3-51）。端正垂直站立的人体沿一条中轴线对称，这条中轴线也是我们的重心线。沿这条轴线的两横分别是肩膀和骨盆位置；三体即是沿轴线从上而下分别是头部、胸腹部和臀部。

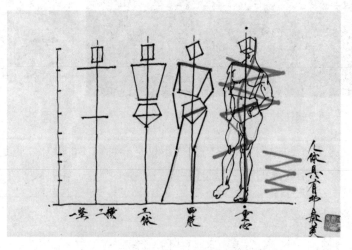

图3-51　人体基本结构及比例示意图

通常情况下人体都处于相对平衡中，即在站立、走动时重心都会位于我们身体的中轴线上。头、胸、臀等部位形体的活动变化更多的是肩膀和骨盆位置的变化。人在运动时，头、胸、臀等部位形体通常不变，而是通过颈、腰的动作引起相应位置的变化，从而使人物头、胸、臀的形体发生了相应的透视变化。而处在跑动的状态时，我们身体重心的那条中轴线则会向我们运动的方向略微前倾。但要注意当左手伸向前时则右腿一定在后面，这也是我们身体在跑动中维持平衡的一种表现。所以我们在日常生活中要多仔细留意一下周围的人在做各种动作时身体各部分的具体表现，并把这些特点用画笔表现出来，这样画出的人物才会生动传神。

3.着衣人物的表现

了解人物衣服的折皱变化规律，对于画好人物是很重要的。衣服与人体的关系，一般说来贴体的部分为实处，远离身体的部分为虚处。实处衣服体现出人物的形体。虚处衣服分为折叠型和牵引型两种。折叠型衣纹一般出现在关节弯曲的内侧，而牵引型的衣纹是由于运动使两个结构点之间的衣服产生牵拉所引起的。工程手绘中配景人物着装的衣纹表现结合人物活动的形体特征进行示意就可以了（图3-52）。

4.国风写意手绘技法

（1）传统山水写意画中点景人物的表现方法

传统山水写意画中的人物表达重在传神，形神兼备的人物与周围的秀丽山水动静之间相互映衬方能起到点景作用。《芥子园画谱》中说道："山水中点景人物诸式不可太工亦不可太无势，全要与山水有顾盼。人似看山，山亦似俯而看人。"故人物神态多样，有秋山负手行、明月荷锄归、倚仗听鸣泉、拂石待煎茶、展席俯长流、奇文共欣赏、二人对酌山花开等。在线条表达时注重"下笔最要飞舞活泼，如书家之张颠狂草"，要求"一笔两笔之间删繁就简""一两笔忽然而得方为入微"（图3-53）。

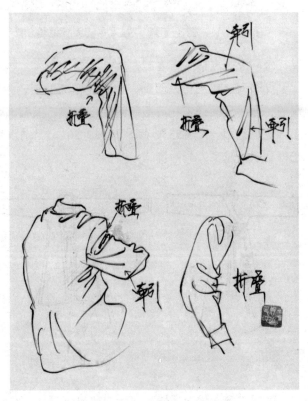

图3-52　人物着装衣纹表现示意图

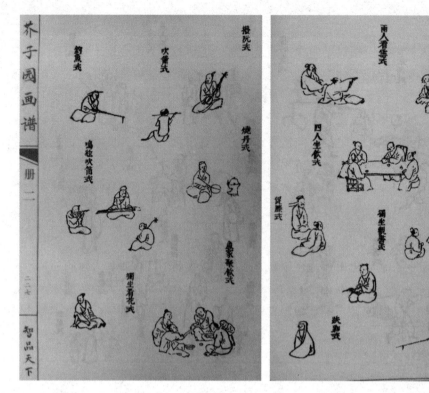

图3-53　点景人物的传统毛笔画法（摘自《芥子园画谱》）

（2）汉服风格人物表现方法

汉服为汉民族传统服饰，始于夏商周时期，是世界上历史最悠久的民族服饰之一，汉服文化是反映儒家礼典服制的文化总和。汉服的明显特征是以交领右衽（图3-54）为主，兼有直领（图3-55）、圆领（图3-56）。当前汉服因其由内而外散发出来的高雅美感已得到越来越多人们的青睐。

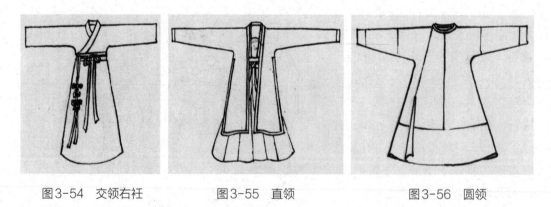

图3-54　交领右衽　　　　图3-55　直领　　　　图3-56　圆领

汉服风格人物表现应着重突出东方女性的纤细柔美和男性的君子气度。国风工程手绘人物着装可结合汉服相应特征进行绘制，也可借鉴《芥子园画谱》以及古画中神态各异的人物进行适当的修改绘制（图3-57～图3-59）。

汉服点景人物表现

图3-57 国风马克笔汉服人物画法案例一

图3-58 国风马克笔汉服人物画法案例二

图3-59　国风马克笔古装点景人物画法案例（仿）

（3）基本绘画步骤

① 根据画面场所氛围需要确定人物位置以及相应的形态，如体态优美的撑伞、弹奏乐器、观赏植物、看书等。

② 结合男女不同形态特征、肢体动作特点画出人物大致形体的铅笔底稿。

③ 用马克笔简洁勾画出轮廓及衣服褶皱等细节。

5.建筑师手绘技法

工程手绘中配景人物通常可分为正面、背面和侧面三大类。根据距离的远近，又可以分为近景、中景和远景人物三种表现。注意近景人物表现一般绘制细节较多，神态较为生动，而中、远景人物则根据需要进行相应省略（图3-60、图3-61）。

图3-60　近远配景人物画法案例

图3-61　中远配景人物画法案例

二、白石老人的工虫花卉作品技法简介

工虫花卉是白石老人独创的一种绘画技法。这种技法包括工、写和兼工带写三种，以工笔画虫，粗笔写花草，动静相宜。将大写意的花卉和工细的草虫完美结合，体现了"衰年变法"后齐白石的草虫绘画特色（图3-62）。

图3-62　齐白石画作（摘自快传号/艺境）

白石老人说过，画虫"既要工，又要写，最难把握"，"粗大笔墨之画难得形似，纤细笔墨之画难得神似"，"凡画虫，工而不似乃荒谬匠家之作，不工而似，名手作也。"

白石老人笔下的草虫体现的是他对宁静田园生活的一种回忆和怀念。虽然在现实生活中，这些草虫可能毫不起眼，但在白石老人的笔下，这些草虫都充满生机与活力，它们或游或飞，或跳或鸣，栩栩如生的神态既来自白石老人儿时的记忆，更来自白石老人细致入微的生活观察，与传统山水画中人物画法有异曲同工之妙。

齐白石的草虫画和花鸟画中经常出现一个词语——"草间偷活"，这其实是画家对自己身处乱世的一种深切感悟。齐白石生活在中国社会最动荡、最痛苦的时期，每天都过着提心吊胆、苟全性命的生活。而白石老人是位有风骨的国画大师，在抗日战争时期虽然生活窘迫但为拒绝给日寇作画，他闭门谢客，拒绝日本特务要他加入日本国籍、去日本的多次利诱。在日本人的不断加压之下，他迫于无奈提笔画下4只螃蟹，然后落款"看你横行到几时"的字样。面对日本人的威逼利诱白石老人大义凛然地说："齐璜中国人也，不去日本。你硬要齐璜，可以把齐璜的头拿去。"

拓展知识：
山水写意画中点景人物的绘画发展概述

模块四

园林景观手绘之平、立剖面图的表现

能力目标

能熟练进行平、立剖面图墨线及色彩手绘表达；
能准确鉴赏中国传统园林色彩搭配的美学精华；
能正确评价手绘成果的质量优劣。

知识目标

掌握园林工程平、立剖面图的图例表达方法；
掌握中式传统园林平、立剖面图表现方法；
理解江南园林洞门和漏窗中的文化含义。

重点难点

重点：平、立剖面图的配景图例表达；
难点：中式园林平、立剖面图的文化内涵的表现。

单元一

师法自然的中式园林平、立剖面图的表现方法

> **关键点**
>
> 园林平、立剖面图由植物、山石、园路、水体等园林图例与建构筑物构成。上色时可先采用灰色系列马克笔对建筑、地面等着色，初步勾画出空间层次及元素体量；再结合四季特点确定画面基本色调后有序上色。

一、江南园林平、立剖面图的表现方法

1. 园林平面图绘画方法

（1）国风写意手绘技法（图4-1）

平面图线条手绘
效果表现

平面图上色效果
表现

图4-1　国风马克笔庭园平面画法案例

案例园景简介：

拙政园中的玉兰堂是以玉兰花为主题的一处独立封闭的幽静庭园，堂前东西两侧种植白玉兰。院落小巧精致，白玉兰主景种植衬以天竺和竹丛，配湖石数峰。每逢玉兰花开之时，千枝万蕊，一树繁茂，如名门闺秀，大气典雅。

绘画步骤：

① 勾出建筑、水体、地形、道路广场等主体景物轮廓的铅笔底稿。

② 利用黑色马克笔圆头画出建筑、地形、道路、水体等庭园主体景物轮廓。

③ 先用蓝绿基调马克笔圆头进行乔灌木的绘制；再结合植物的四季特点进行有序上色；在对树荫下的置石上色时可适当点以蓝色以呼应夏季的树荫效果。

④ 用灰调马克笔圆头补充铺装的材质表现等细节刻画，再用黑色马克笔宽头勾出建筑及乔灌木阴影。

⑤ 对画面整体关系做进一步调整。

以下为拙政园玉兰堂庭园夏季、秋季平面图手绘效果图（图4-2、图4-3）。

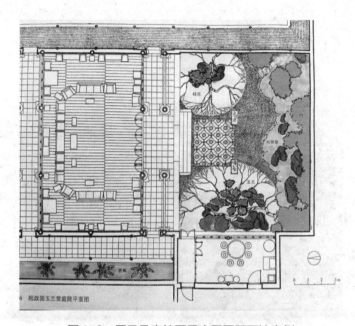

图4-2　国风马克笔夏季庭园平面画法案例

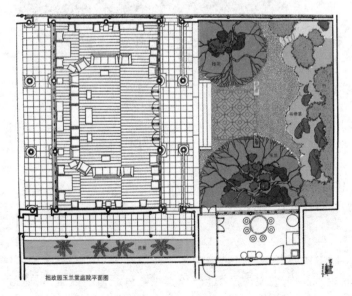

图4-3　国风马克笔秋季庭园平面画法案例

（2）建筑师手绘技法

平面图绘画一般分为墨线图绘制及马克笔上色两个阶段。

墨线图绘制前先勾出主体景物轮廓的铅笔底稿，然后用黑色细针管笔完整画出建筑、地形、道路、水体、植物等庭园主体景物。

上色时注意建筑、地面铺装等灰调背景先着色。建筑、地面铺装等明灰调背景着色要注意传统硬质地面铺装一般采用卵石、灰瓦等材料，故采用较浅暖灰色系马克笔排笔画法画出地面；屋面采用较深灰色系列马克笔，结合瓦屋顶光影特点上色时采用有缝隙的排笔画法，暗面采用叠笔进行加深；然后进行地被、乔木及水体的上色；最后用黑色马克笔勾画出焦点景观宝塔建筑的轮廓及阴影线条，以加强平面图的整体空间效果（图4-4）。

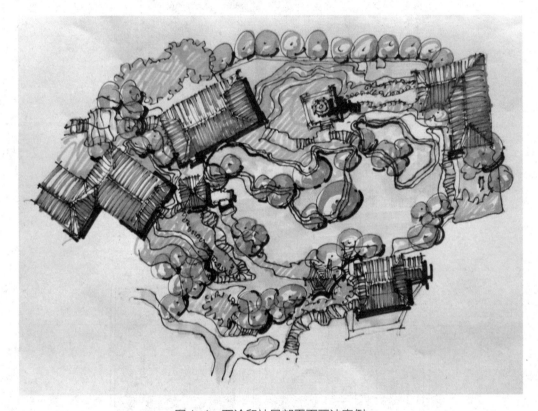

图4-4 西泠印社局部平面画法案例

2.园林立剖面图的绘画方法

（1）国风写意手绘技法（图4-5、图4-6）

案例园景简介：

拙政园枇杷园因园内种植的枇杷树而得名。院内假山上的绣绮亭造型秀丽，配以竹林和树形优美的树木，构成庭园里最佳的风景点。另庭园西面有独具特色、蜿蜒起伏的云墙，从云墙上的圆洞门"晚翠"向外看，与远处的雪香云蔚亭形成对景。

图4-5　苏州拙政园香洲东立面画法案例（原图摘自《江南园林图录》）

立剖面图假山
手绘效果表现

立剖面图植物
手绘效果表现

图4-6　苏州拙政园枇杷园立面画法案例（原图摘自《江南园林图录》）

绘画步骤：

① 在打印有建筑的画稿上先勾出假山、乔灌木、水体等园林要素的铅笔线底稿。

② 用灰调硬头马克笔先排线画出地平线。

③ 用灰调马克笔依序进行远近景假山石、乔灌木的绘制，注意乔木树形要优美，且要有不同的种类搭配。

④ 用偏暖调马克笔进行建筑的简单上色处理，以丰富画面色调层次。

⑤ 对画面整体关系做进一步调整，进一步强调假山主景处石头空洞、苔藓以及竹丛等细节。

（2）建筑师手绘技法

立剖面图绘画一般分为墨线图绘制及马克笔上色两个阶段。

墨线图绘制前先根据立剖面图各局部尺寸勾出铅笔底稿，然后用黑色细针管笔完整画出植物、建筑、人物等园林立面各构成元素，绘画时要注意景观的前后关系。

上色时先分析并找出画面焦点景观，用灰调马克笔先画出大致的空间明暗及水墨效果。着色时注意对于需强调的如建筑入口等画面中心区域要采用暖灰调画笔，然后从浅到深给花草、竹、大树等植物着色，最后用黑色粗线勾出焦点景观的轮廓及阴影线条，以加强空间层次感（图4-7）。

图4-7　万科第五园别墅区立面画法案例

二、现代中式园林工程平、立剖面图的配景表达与意境营造

意境营造是中国几千年优秀造园文化形成的文化精华，也是中国园林独步于天下的原因所在。园林意境不仅展现出人的文化素质，也表达了人们对自然的情感，而园林配景表达是把这种情感表达出来的一种辅助方法。故而在进行乔灌木、山石等园林各要素

的表达时，我们注意要抓住以下几点。

1. 外在的"特质化"

世间万物或坚硬或柔软，或粗糙或细腻，这本是客观物体的特色存在。故而我们日常要体察入微，善于发现，才能在勾画它们的外形时，用适合的笔力、笔法将这种质感和肌理特点展现出来。如白石老人画的虾须线条柔滑、轻盈如在水中盈盈飘动；虾钳则线条刚劲、有力如充满力量。在展示万物特质的基础上立意，意境才有营造的基础。

2. 内在的"拟人化"

拟人化就是把除了人以外的事物人格化、人性化，以此来表现出像人类或像人行为一般的形象和形态，因而会表现出某些与人类一致的思想和神态。如石块象征坚定性格，柳丝象征柔情似水；而"兰生幽谷，不为无人而不芳""梅花香自苦寒来""荷花出污泥而不染"虽然都属于自然现象，在传统园林和绘画中常用来比喻人内在的高尚品德和人的优良品质。将园林各要素进行拟人化处理后营造出的意境更加栩栩如生，从而能与观赏者产生一种直接而强烈的共鸣。

3. 搭配的"主题化"

通过传统园林建筑的名称往往能画龙点睛地点出园林意境主题，内里蕴含着许多丰富的人文典故。如狮子林的指柏轩为一座两层楼建筑，全名是"揖峰指柏轩"。其取名一说是来自"赵州指柏"的典故，另一说源于明代高启的诗句："人来问不应，笑指庭前柏"。轩前古柏数株，并与假山石峰遥相呼应。拙政园听雨轩名称的来源是南唐时期的李中的一个诗句片段："听雨入秋竹，留僧覆旧棋"。听雨轩的轩前一泓清水，植有荷花、荷叶；池边有芭蕉、翠竹，轩后也种植一丛芭蕉，前后相映。从以上案例可以看出，在选择和搭配园林配景前我们要对园林的意境主题先有一个深刻的理解，然后紧扣主题构思进行意境营造。

综上可以看出，现代中式园林工程平、立剖面图中文化意境营造要扎根在优秀传统文化的巨川沃壤中。我们在绘制中式风格园林工程平、立剖面图时要抓住乔灌木、山石等园林各要素的外在特质，紧扣设计主题构思，采用拟人化的方法画出其生动的神态和丰富的内涵，从而在平、立剖面图中营造出形神兼备、余味无穷的园林意境。

拓展知识：
书画同源的中国传统线条绘画技法简介

单元二
江南园林洞门和漏窗中的文化含义

关键点　江南园林中寄寓文人精神的传统园林铺地纹样、洞门和漏窗往往被赋予丰富的文化含义，主要集中在迎祥、祈福、信仰等方面。

一、江南园林洞门和漏窗的象征含义

"苏州古典园林由于空间狭小，注重空间处理和划分，坚持空透原则，通过空窗、漏窗、洞门等，使公共空间与建筑有隔有连，做到整体布局和空间隔而不死、漏而可望。既做到移步换景，又起到扩大空间和通风采光的作用。"（摘自《江南建筑与园林文化》）

除了借景和交通作用，江南园林的洞门和漏窗还极富各种象征含义。

1.江南园林洞门的象征含义

传统园林中的洞门往往取名于门的形状特征，常见洞门有葫芦洞门、宝瓶洞门、海棠花洞门、圆洞门等（图4-8）。

① 葫芦洞门：在中国传统文化中葫芦被看作天地的缩微，葫芦门因而有避邪、护佑的含义。

② 宝瓶洞门：取"平"的谐音，象征平安，以及有驱邪吉祥的含义。

③ 海棠花洞门：海棠花的雅致与素净，象征文人的高贵风雅。

④ 圆洞门：常与门内的远景构成与月亮相关的园景意境。如网师园"梯云室"的圆洞门与对面的假山构成"梯云取月"的意境。

绘画步骤：

① 勾出假山、乔灌木、水体等园林要素的铅笔线底稿。

② 用灰调硬头马克笔画出院墙、月洞门及墙顶覆瓦。

③ 用灰调马克笔依序进行远近景假山石、乔灌木的绘制。

④ 对画面整体关系做进一步调整，进一步强调假山主景处石头空洞、苔藓以及竹丛等细节（图4-9）。

图4-8　江南园林洞门图片

月洞门手绘效果
表现

图4-9　国风马克笔月洞门画法案例

参照月洞门的绘画步骤，绘制出如图4-10所示的各类洞门。

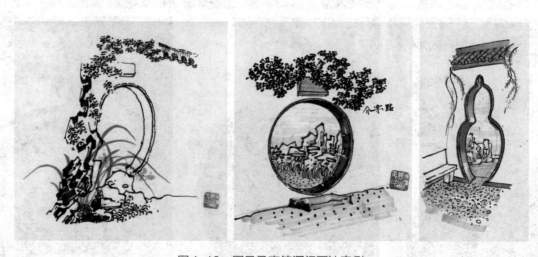

图4-10　国风马克笔洞门画法案例

2.江南园林漏窗的象征含义

传统园林中的漏窗的窗花图案往往各具特色，常见漏窗有葫芦图案、贝叶图案、荷花图案、太阳图案、云纹图案、文字图案、琴棋书画图案等（图4-11）。在新中式园林建筑中，作为一个具有文化代表性的图例，但往往会结合现代风格要求进行相应简化。

图4-11　江南园林漏窗图片

　　① 云纹图案：在传统文化中云的图案具有吉祥的象征含义，在传统园林中采用还有取其吉祥的意思。

　　② 太阳图案：反映了人们最原始的自然崇拜。

　　③ 荷花图案：比喻文人洁身自好的情操。

　　④ 琴棋书画图案：象征文人的文化修养、道德品质和技艺才华。

　　⑤ 贝叶图案：贝叶是印度最早书写佛经的"纸张"，具有神秘的作用。

绘画步骤：

　　① 勾出建筑立面及乔灌木等建筑立面背景。

　　② 用灰调硬头马克笔画出漏窗轮廓及窗花图案。

　　③ 用深色马克笔勾出窗花棂条阴影，注意光影方向要一致（图4-12）。

立面漏窗手绘表现

图4-12　国风马克笔立面漏窗画法案例

参照立面漏窗的绘画步骤，绘制出如图4-13、图4-14所示的各类漏窗。

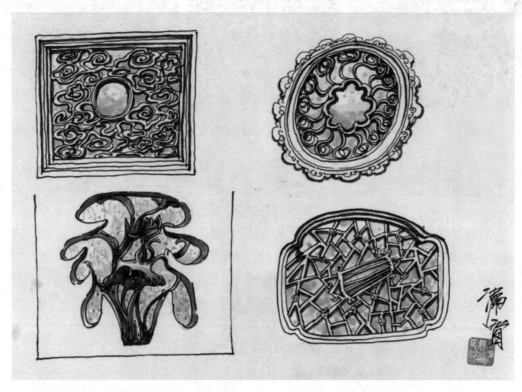

图4-13　国风马克笔漏窗画法案例一

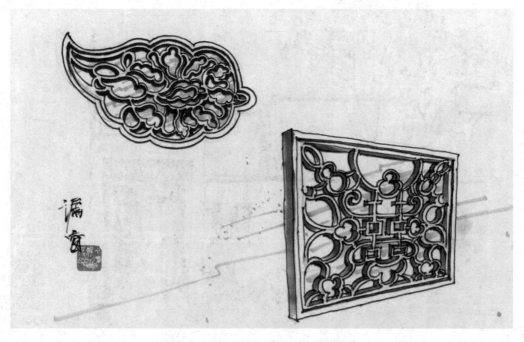

图4-14　国风马克笔漏窗画法案例二

二、瓦搭漏窗与漏空景墙简介

瓦片在中国有悠久的使用历史，除用于屋顶、地面外还常用于花窗及花墙的建造。

瓦搭漏窗是指窗棂部分全部用瓦片搭砌的漏窗，是现存园林和民间建筑中最为常见的漏窗形式之一（图4-15）。瓦搭漏窗常见的图案有金钱、鱼鳞、花叶等有限的形式，一般取吉祥如意、步步登高等寓意。

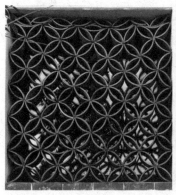

图4-15　瓦搭漏窗图片

《园冶》的作者计成在"墙垣"一节中说道："凡有观眺处筑斯，似避外隐内之义。"大致意思是：相邻庭园隔墙处有可观赏的景观时，都可以在人们视线所及的高度在墙上设置漏窗，这样对外既有隔离的作用，又可以隐隐透出园内美景。

瓦搭漏空景墙则为全部或大部分墙面是用瓦片连续搭砌而成的墙，有防止盗贼攀爬的作用（图4-16）。现代的瓦搭漏空景墙图案则一般较为简洁而有韵律，富有现代艺术气息。

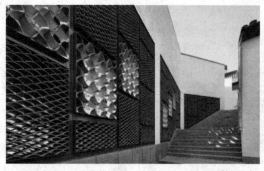

图4-16　瓦搭漏空景墙图片

拓展知识：
江南园林的时代背景与文化内涵

模块五

园林景观手绘之
透视图的表现

能力目标

能掌握透视图手绘表达基本要点；
能理解中国传统园林色彩搭配的美学精华；
能正确评价手绘成果的质量优劣。

知识目标

了解透视图的形成原理及透视类型；
了解中国传统园林工程表现适用透视类型；
掌握一点透视、轴测效果图基本绘制方法。

重点难点

重点：透视图的形成原理及上色方法；
难点：中式园林工程不同季节的色调构成及透视图表现。

单元一

透视原理及传统园林中的透视运用

关键点 了解透视原理和不同类型透视图的表达效果，理解并掌握传统园林透视图运用方法。

一、透视图原理与常见类型

1.透视图的形成原理

在画者和被画物体之间假想一面玻璃，固定住眼睛的位置（用一只眼睛看），连接物体的关键点并与眼睛形成视线，再相交于假想的玻璃（画面）。在玻璃（画面）上呈现的各个点的位置就是你要画的三维物体在二维平面上的点的位置。

如图5-1所示，人和房子之间隔着一层透明的玻璃板，这层玻璃板就是画面；人的视线高度平面与画面形成的交线叫视平线；人所站立的平面与画面形成的交线叫地平线。

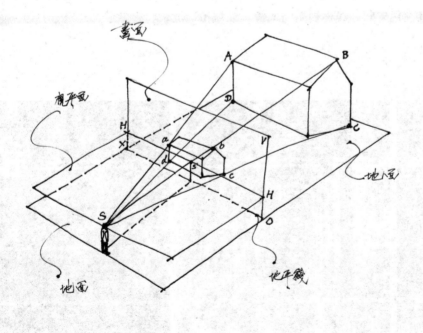

图5-1 透视图形成原理示意图

图5-2　一点透视　　　　　　　　　　　　　　　　图5-3　两点透视

2.透视图的常见类型

图5-2、图5-3代表我们日常生活中常见的两种透视现象，分别是一点透视和两点透视（又称为成角透视）。

（1）一点透视图

常规在人的60°视域范围内，当观察物体的一个面（如街道面向我们的一面）与画面平行，它的侧面及水平面与画面垂直时的透视叫一点透视，也叫平行透视。它的特点是只有一个消失点（灭点），画面有较强的纵深感。一点透视比较适用于表达线性空间效果，包括线性交通空间、线性视觉空间等，如城市街道、骑楼隧道、建筑天井等空间（图5-4）。

图5-4　一点透视实景

（2）两点透视图（焦点透视）

两点透视图又称为成角透视图，指常规在60°人体视域范围内，当方形物体两个侧面与画面成倾斜角度，水平面与画面相垂直时的透视叫两点透视，也叫成角透视。它的特点是有两个消失点。两消失点必须在视平线上，在同一个画面中永远只有一条视平线。两点透视比较适用于表达视觉规模不会太大的点状空间效果，如希腊神庙建筑、各类城市实体建筑等外观形象及景观空间（图5-5）。

图5-5　两点透视实景

（3）轴测效果图

一点透视图和两点透视图的表达效果与常规人在60°人体视域范围内对三维环境的观察效果是一致的，但对于大于60°人体视域范围的空间（即广角效果）会出现物体变形问题，故一点透视图和两点透视图较适合作为局部节点空间的效果表现图。

将物体连同参考的直角坐标系，沿不平行于任一坐标面的方向，用平行投影法将其投影在某一投影面上，形成的投影图称为轴测投影图，简称轴测图。而轴测图表达不会受到60°人体视域的限制，能从高处完整看到庭园全貌，整体空间感较强，效果与鸟瞰图类似（图5-6、图5-7）。

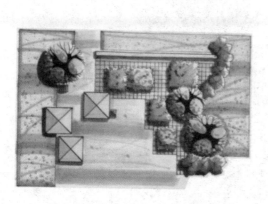

图5-6　轴测平面条件图

图5-7　轴测效果图

3.中国传统园林工程表现适用透视类型

与西方造园艺术不同，中国传统园林不是一个静态观点的定格，而是一系列动态透视点的构成，由廊、桥、小径等线性引导空间将各个组景重点联系为一个动态空间组合（图5-8）。

图5-8　传统园林实景

　　中国传统园林常采用"先抑后扬"的造园手法,在进入层次丰富的围合式庭园空间之前创造一些相对幽暗、连贯的线性引导空间,因强烈的空间开合关系而产生曲径通幽、豁然开朗、柳暗花明的感觉。故适合采用一点透视图和轴测图来进行空间效果的表达(图5-9、图5-10)。

图5-9　一点透视画法案例

图5-10　轴测图画法案例

二、江南园林中的庭园空间和线性空间

　　江南园林在分隔空间时讲求与外围边界的自然融合，包括建筑等园内各部分建构筑物其形神都要与周围天空及地面的自然环境相吻合，使园林整体能体现出自然淡泊、恬静含蓄的自然氛围。而在平面布置时一般把居住建筑贴边界布置，而把中间的主要部分让出来布置园林山水，形成主要的庭园空间；在这个主要庭园空间的外围又会有序布置若干次要小型庭园空间及局部性点状空间；形成主次分明、层次丰富而又各具特色的庭园空间体系。

　　园内各庭园空间相互之间讲求要能自然相接，而将这一个个庭园空间连为一体的则常为长廊、园道这一类线性空间。将各个园林庭园空间串联起来成为连续序列的写景，从而让人在其间穿行时感受到"山重水复疑无路，柳暗花明又一村"的独特效果（图5-11）。

故而可以看出江南园林采用的是庭园空间和线性空间有机结合的动态序列布局模式，进而达到步移景换、渐入佳境、小中见大等观赏效果。人们犹如行走在充满诗情画意的长幅画卷之中，在纷至沓来的一幅幅美景中流连忘返。

图5-11　上海豫园

拓展知识：

中国山水画的散点透视与西方风景画的焦点透视简介

曲径通幽的中式园林一点透视效果图画法

关键点

一点透视图中凡平行于画面的立面都反映实形，并对应形成地平线、视平线；与画面垂直的线条均灭于一点；构筑物、树木、人物的大小沿由灭点发出的放射控制线形成近大远小的透视效果，形成园林景观场景的较强烈的纵深感。

一、一点透视图的绘制

1.国风写意手绘技法

案例园景简介：

苏州留园华步小筑是绿荫轩后的一处小庭园。院内布置较为简洁，仅设有砖花台及湖石的花台，衬以树形优美的古树和竹丛。线性的空间将远近不同的湖石、古树、竹丛串联在一起，再加上漏窗、洞门透出的隐隐园景，让人感到幽静的同时又对院落外围产生几分遐想（图5-12）。

小园景一点透视
手绘效果表现

图5-12 国风马克笔一点透视画法案例（原图摘自《江南园林图录》）

绘画步骤：

① 在打印有建筑的画稿上先勾出湖石、古树等园林要素的铅笔线底稿。

② 用灰调硬头马克笔先画出近景湖石、兰花及竹丛。

③ 用灰调马克笔依序进行远处洞门外竹林、古树和湖石的绘制，注意植物等配景与建筑之间穿插关系的表达。

④ 对画面整体关系做进一步调整，进一步强调假山主景处石头空洞、苔藓以及竹丛等细节。

2. 建筑师手绘技法

建筑师手绘技法分为墨线图绘制及马克笔上色两个阶段。

墨线图绘制前先按透视原理勾出透视图铅笔底稿，注意要突出一点透视场景空间的纵深感。然后用黑色细针管笔完整画出建筑、街道及竹林。

上色时先分析并找出画面焦点景观，图5-13的焦点景观为近端的路面、青竹及远处的门扇；要用偏冷的蓝绿色给青竹、花草等植物上色，而用偏暖的黄色、橙色给门扇、路面（注意由近及远要形成自然过渡效果）上色；最后用黑色粗线勾画出焦点景观的阴影及线条，注意由远及近路面、青竹及门扇的色彩过渡要自然。

图5-13　一点透视画法案例一

按此方法进行一点透视效果图的绘制练习（图5-14）。

图5-14　一点透视画法案例二

二、电脑辅助下的手绘透视图绘制

手绘透视图一般用于工程设计的早期阶段，其目的是通过透视图设计师可以将自己的设计理念所能达到的三维空间效果正确、清晰地传达给用户，并在此基础上与用户进行快速、积极、有效的交流。

手绘透视图有助于形成真实的想象，但因中式园林工程的建构筑物细节较为丰富故绘制起来难度较高。与之前的要采用繁琐的全程手绘方法，并要耗费大量的时间和精力才能得到一张相对准确的透视图这种情况不同，我们现在可以利用SU（SketchUp，草图大师）等三维电脑软件及网络模型资料来辅助手绘透视图的绘制（图5-15）。但首先我们在平时就要注意在网络平台收集各类中式园林建构筑物，如各类亭、台、楼阁、廊、坊以及造型优美的古树的模型素材，并放到素材库中备用。

首先要生成一个正确的透视图底稿。根据项目设计需求先建立一个模型空间；从素材库中选用风格一致的模型素材，调整后放入模型空间；然后选择适合的角度生成我们需要的各种透视效果（在草图大师三维软件中轴测图效果对应为平行投影模式）。

图5-15　SketchUp三维软件生成模型案例图

　　这时我们可以有两种选择。

　　① 直接利用底稿，可先用 Photoshop 软件处理好需覆盖的园林建筑，或打印后直接用覆盖型马克笔覆盖掉部分应被遮盖住的建筑，然后继续完成水体、假山石、植物等其他园林配景的绘制。

　　② 将底稿覆盖在稿纸上并用图钉、胶纸等简单固定，用直尺和较硬的铅笔将主要的建构筑物透视线条刻印在下面的稿纸上；然后移走底稿继续完成稿纸上的手绘。

　　比较上述两种方法，第一种方法类似反衬方法，底稿上保留了有较多细节的园林建筑，其效果类似工笔画法效果，可与写意画法效果的其他园林配景相互衬托，这种方法主要用于设计方案与建筑素材模型效果较为接近的情况。第二种方法类似照片临摹的做法，是在保证空间透视效果准确性的基础上，园林建筑与其他配景均采用写意画法进行表现，可用于设计方案与建筑素材模型效果相差较大的情况。另外设计师在绘制时还可将园林建筑适当虚化，具体则要结合设计师的构思和画面表达效果要求进行灵活把控。

拓展知识：
传统山水写意画的构图要求和常见类型

单元三
庭院深深的中式园林轴测效果图画法

关键点

轴测图能从高处完整看到整体空间布置，效果与鸟瞰图类似；上色时注意图面的整体视觉效果，如四季画面色调的选用、冷暖色彩的过渡，画面远、中、近景的层次感，主体景观部分的表达等；主要主体景观部分色彩应较为饱和，层次较为丰富且对比度较高。

一、轴测效果图的绘制

1.国风写意手绘技法

案例园景简介：

谐趣园位于北京颐和园万寿山东麓，是著名的"园中之园"。因是仿照无锡惠山寄畅园而取名"惠山园"，后又因乾隆的惠山园八景诗序——"以物外之静趣，谐寸田之中和"而更名"谐趣园"。

绘画步骤：

① 在平面图的画稿上先按某角度生成轴测图，勾出亭廊轩建筑、古树、水体等园林要素的铅笔线底稿。

② 用黑色针管笔先画出亭廊轩建筑墨线图。

③ 用灰调硬头马克笔先画出主景的岸边古树、湖石，注意古树种类的搭配效果。

④ 用灰调马克笔依序画出近景的竹林、花草、水体及驳岸，注意植物与驳岸、建筑之间穿插关系的表达。

⑤ 画出建筑背光暗面，并对画面整体明暗关系进行综合调整（图5-16、图5-17）。

小园景轴测图
墨线稿绘制

小园景轴测图假山
和乔木马克笔效果
表现

小园景轴测图竹林
和水体马克笔效果
表现

图5-16　国风马克笔轴测图画法案例一

图5-17　国风马克笔轴测图画法案例二

2.建筑师手绘技法

案例园景简介：

苏州壶园面积较小，园景以水池为中心。池上架石板桥两座，水面向花厅及半亭下延伸，有水源深远、余意不尽的含义。水池周围种植了罗汉松、白皮松及海棠、腊梅等花木，配以湖石穿插其间。

具体绘画步骤分为墨线图绘制及马克笔上色两个阶段。

墨线图绘制首先把平面图换算到轴测平面图铅笔稿中，并升起主体建筑体块，然后用黑色针管笔先把建筑物边界描画出来，然后描画水体、小桥等主体园林元素，最后对周边起陪衬作用的建筑、道路等背景进行刻画。植物配景的刻画同时要注意其尺寸度大小，并用线条刻画出明暗关系。

上色时先分析并找出画面焦点景观，图5-18的焦点景观为连接水体两岸的小拱桥及其附近的水面、假山和花草；用暖灰、蓝绿灰等灰色系列给较大面积的水面、地面等地面园林要素上色；用偏暖的黄色、橙色给近景小拱桥、地面、植物等上色，同时用偏冷的蓝色给桥下水面上色，注意要适当表现出流动的水纹效果；最后用黑色粗线勾画出焦点景观的阴影及线条，以增强画面焦点处的对比度，同时增强庭园的空间感。

图5-18　轴测图画法案例一

按此方法进行轴测图的绘制练习（图5-19）。

图5-19　轴测图画法案例二

二、中国传统园林中的色彩内涵

中国传统园林的色彩运用体现出静态和谐与动态变化的完美组合，包含着深厚的文化底蕴和思想内涵，是天人合一东方美学思想的生动体现。静态的和谐体现在黑白色砖瓦建筑、红褐色的窗柱门以及灰色的假山和路面；动态变化的色彩载体包括园林中的植物、水体等。而这种静态和谐与动态变化恰好是一种自然的轮回，就如经历了漫长、凋零、冷寂、黑白色调的冬季后，春季嫩绿的树叶让庭园处处生机盎然，让人们对繁花似锦、硕果累累的未来一年又充满希望（图5-20～图5-21）。

粉墙黛瓦的江南园林建筑这种色彩搭配体现出中国传统的道家思想。在道家的理论中，黑白色庄重、高贵、沉静。玄（黑）色有派生一切色彩并高于一切色彩；白（无）色和五色是统一的，无色是本源，五色与白（无）色相生相和。黑白两色在视觉上反差很大，但整体看上去又非常和谐，与周围环境也很统一。灰色是黑白两色相互混合而形成的一种间色，色彩折中而温和，是五色相生的色彩。

图5-20 春景手绘案例

图5-21 冬景手绘案例

在传统园林中建筑门窗柱多为木制，与之相生的是火与水（对应红与黑），与之相克的是土与金（对应黄与白），故门窗柱多为红色，而不会有黄色或白色的柱子。而红色与绿色互为补色，因而在夏季蓝天下院内植物营造的一片碧绿色的背景中，红色的建筑门窗柱或绽放的红花既突出又让人感到自然、和谐和灵动（图5-22）。

图5-22　上海豫园

　　在这里必须要提到的是，在诸多的颜色当中红色是我们中华民族最喜爱的颜色。中国红氤氲着古色古香的秦汉气息；延续着盛世气派的唐宋遗风；沿袭着灿烂辉煌的魏晋脉络；流转着独领风骚的元明清神韵。以其丰富的文化内涵，高度概括着龙的传人生生不息的历史。而这个特色也可以体现在现代中式园林风格的手绘画中（图5-23）。

图5-23　中式风格园林手绘案例

拓展知识：
传统山水画的主要类别和设色技法简介

参考文献

[1] 陈连琦. 中国画大师经典系列丛书：倪瓒[M]. 北京：中国书店，2011.

[2] 刘先觉，潘谷西. 江南园林图录[M]. 江苏：东南大学出版社，2007.

[3] 居阅时. 江南建筑与园林文化[M]. 上海：上海人民出版社，2019.

[4] 彭一刚. 中国古典园林分析[M]. 北京：中国建筑工业出版社，1986.

[5] 刘晓惠. 文心画境：中国古典园林景观构成要素分析[M]. 北京：中国建筑工业出版社，2002.

[6] 刘天华. 画境文心：中国古典园林之美[M]. 北京：生活·读书·新知三联书店，2008.

[7] 曹林娣. 园庭信步：中国古典园林文化解读[M]. 北京：中国建筑工业出版社，2011.

[8] 汉宝德. 物象与心境：中国的园林[M]. 北京：生活·读书·新知三联书店，2008.

[9] 陈从周. 说园[M]. 上海：同济大学出版社，2007.

[10] 吴欣. 山水之境：中国文化中的风景园林[M]. 北京：生活·读书·新知三联书店，2008.

[11] 孙筱祥. 园林艺术及园林设计[M]. 北京：中国建筑工业出版社，2011.

[12] 孙筱祥. 生境·画境·意境——文人写意山水园林的艺术境界及其表现手法[J]. 风景园林，2013（06）：26-33.

[13] 罗一平. 造化与心源：中国美术史中的山水图像[M]. 广州：岭南美术出版社，2006.

[14] 蒲震元. 中国艺术意境论[M]. 北京：北京大学出版社，1999.

[15] 宗白华. 美学散步[M]. 上海：上海人民出版社，2005.

附表 教学评价参考

序号	学习任务	评价方式	评分标准	分数分配
1	考勤情况	学习态度端正，做到上课不迟到、不早退	出勤一次8.3分，共8.3分/次×12次=100分	10%
2	课堂表现记录	学习态度积极，能认真听讲、积极进行讨论交流、刻苦训练及吃苦耐劳	积极主动参与一次课堂讨论8.3分，共8.3分/次×12次=100分	2.5%
3	课堂笔记	学习目标明确、合理，笔记记录完整、规范	一次课堂笔记计8.3分，共8.3分/次×12次=100分	2.5%
4	课堂练习（含写生练习）	图面表达合理、规范、美观；线条、色彩及画面构图在符合中式传统美学思想基础上，具有独创性和创新性	一次课堂练习计10分，共10分/次×10次=100分	10%
5	项目训练1～5	1.按时完成图纸绘制 2.图面层次清晰，色调统一 3.色彩搭配合理有序 4.线条优美，景物特征突出 5.色彩及画面构图在符合中式传统美学思想基础上，具有独创性和创新性	一次项目训练计10分，共10分/次×10次=100分	35%

序号	学习任务	评价方式	评分标准	分数分配
6	期末综合项目考核（实际工程项目快题设计）	1. 按时完成图纸绘制 2. 能准确、完整表达出设计意图和设计效果 3. 图面层次清晰，色调统一 4. 色彩搭配合理有序 5. 线条优美，景物特征突出 6. 色彩及画面构图在符合中式传统美学思想基础上，具有独创性和创新性	满分 100 分	40%
合计				100%